U0021324

臺灣咖啡誌

殖產興業

試驗栽培

文可璽 著

BESTCOFFEE
大日本
風味佳良
臺灣產珈琲
花蓮港廳下豐田
瑞珈園船越製

臺灣咖啡誌

殖產興業

試驗栽培

文可璽 著

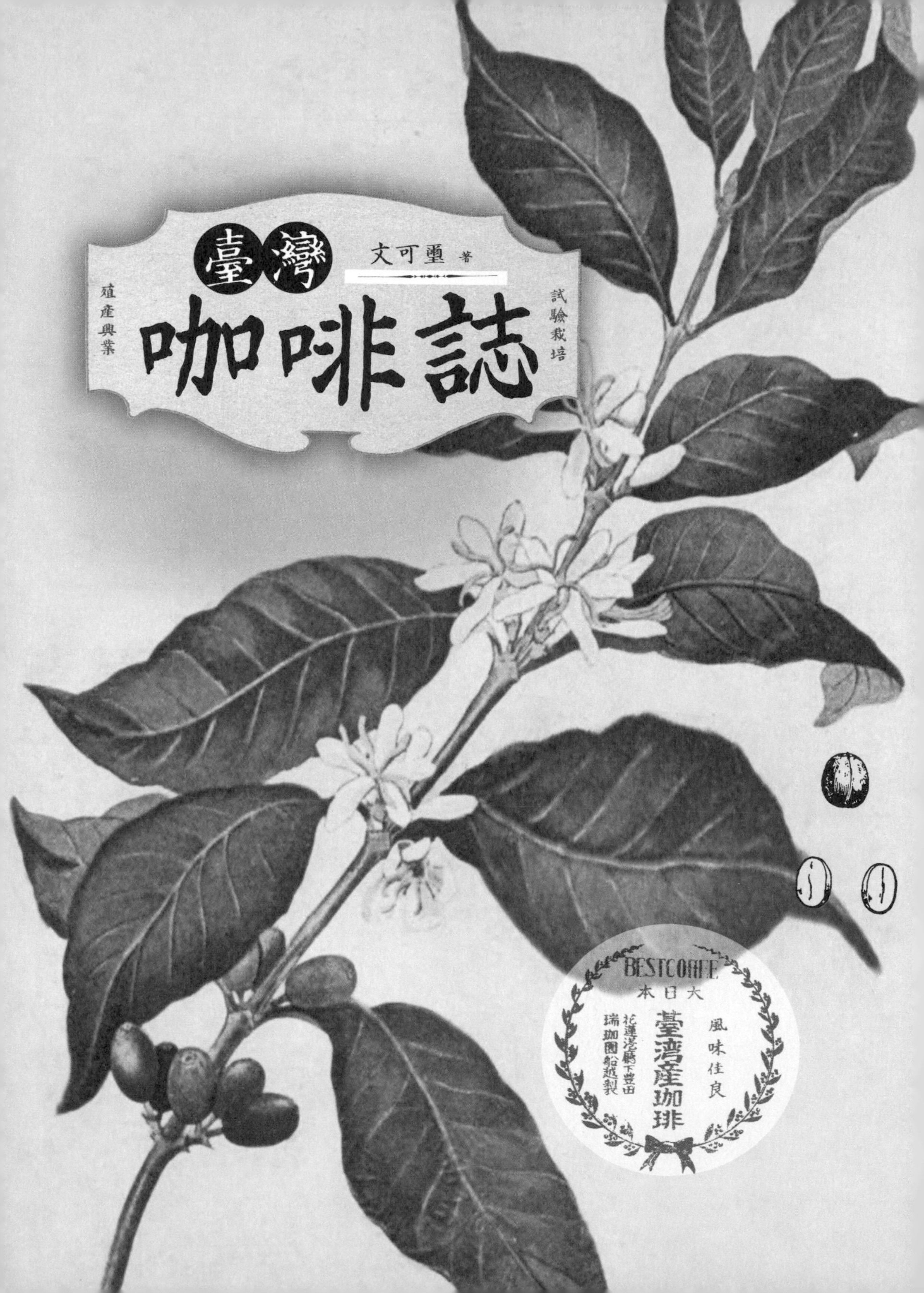

推薦序——

物的全球在地化書寫：咖啡種植打造的臺灣物質文化史

蔣竹山
中央大學歷史所副教授

不同意涵和價值的衝突，
重塑了商品所從自的自然世界、社會世界，
亦重塑它所進入的自然世界、社會世界。
——《貿易打造的世界：社會、文化、世界經濟，從一四〇〇年到現在》
（*The World That Trade Created: Society, Culture, And The World Economy, 1400 To The Present*）

以《大分流》（*The Great Divergence*）一書聞名的前美國歷史學會會長彭慕蘭（Kenneth Pomeranz）曾說過，有些動物性或植物性產品，隨著它們成為全球性商品，它們不可避免具有與它們在地方生態系所扮演角色不同的價值和意涵，像是可可、茶葉、橡膠的貿易。不同意涵和價值的衝突，亦會重塑了該商品所從自的自然世界、社會世界。

咖啡亦是如此。

過往我們的焦點可能都放在咖啡的全球史，少有將視角落在臺灣。近來年的幾本書，剛好補足了臺灣咖啡史的缺口。第一本應該是我在二〇一二年編的東村「大眾史學叢書」

的第一冊，廖怡錚的《女給時代：一九三〇年代臺灣的珈琲店文化》。

透過此書，我們才了解，所謂的「人美，酒就香」才是咖啡店待客之道的最佳王牌。在咖啡店裡，只要你願意付些小費，就可以和女給「談場限時的虛擬戀愛」。這種戀愛並非是一九三〇年代所鼓吹自由戀愛的本質，而是建立在金錢基礎上的遊戲。

女給職業的收入，完全依靠上門顧客的小費，並藉由個人手腕找尋贊助者支持。因此，以青春為本錢，交際作為手段的女給職業，不需要繁複的技能訓練與資格審核。「來當女給吧！自立、自由又美麗」對於家境困難的女性而言，相當具有吸引力。咖啡店與女給是一種互利共生的依存關係。前者提供女給工作場所，以及摩登的符號。即使女給穿著傳統和服，從事近代職業的身分，至少已經和傳統女性的形象有明顯劃分。進而以新女性、摩登女性或職業婦女自居。《女給時代》應該可算是第一本講臺灣咖啡館歷史的書。

在這之後，就是本書作者文可璽於二〇一四年的作品《臺灣摩登咖啡屋》。當時我就對作者的背景感到好奇，「文可璽」的名字應該是筆名吧，網路上似乎沒有太多有關作者的介紹，只知道他是一位咖啡歷史迷。我相當驚豔原來日治臺灣咖啡的消費文化，還有這麼多精采的故事可講。只是沒想到幾年後，他又有一本咖啡史新作要出，就是麥田的這本《臺灣咖啡誌》。就一位專業史家而言，我不得不佩服他這位大眾史家爬梳咖啡原始史料的功夫。這點在上一本書就可見到端倪，這一本則更顯現這位咖啡史達人的蒐集功力。

書名叫《臺灣咖啡誌》，看似一本臺灣咖啡通史，但焦點集中在日治臺灣咖啡產業史，幾乎百分之八十的故事都是在談日治時期。若要嚴格一點說，談產業可能還說不上，比較像是一本日治臺灣的咖啡調查與種植史。如同作者在自序是如此說的：「《臺灣咖啡誌》雖是臺灣原生咖啡種植生產的歷史性整理，但何嘗不是一場閱讀的探涉與樂趣，來，如果準備好了，就讓本書陪你迷走臺灣咖啡的歷史地圖。」

本書考證的內容，很多你我應該都是第一次認識到。其實，這在作者上一本書中就已經透露出咖啡種植歷史的初探。《臺灣摩登咖啡屋》在「大正年間的文化咖啡屋」中提到，一九一七（大正六年），一位到花蓮移民的農民船越與增吉，招募移民後到豐田移民村種植咖啡。除專研咖啡種植技術外，還特地從夏威夷引進優良品種來推廣。到一九二九（昭和四年）總督府殖產局調查時，這移民村已經有數十戶農民投入咖啡種植。此後，船越氏還將自產的咖啡豆命名「大日本臺灣產珈琲」，做好包裝，打上「瑞珈園船越製」商標，評價不錯，有中等進口豆的水準。

這些內容，日後則變成了《臺灣咖啡誌》的全書重點，作者開始去追臺灣的咖啡前傳。臺灣最早究竟何時開始有咖啡的種植？是荷蘭人？還是清代時的英國人？咖啡移植臺灣的濫觴又起於何時？跟總督府殖產局技師田代安定有何關係？臺灣產的咖啡何時參展過博覽會？植物病理學家澤田兼吉與臺灣咖啡銹斑病傳染地圖的關係？「殖產興業」下的臺灣熱帶產業內容是什麼？

就我的文化史與全球史興趣而言，透過物寫歷史，全書有幾個特點，值得我們關注：

一、一九三二年（昭和七年），臺灣進入「咖啡時代」，各種咖啡屋林立。不論種植生產或飲食消費，咖啡已是城市消費文化的縮影。龐大商機吸引許多國家的資本家投入咖啡產業。作者點出臺灣正位於南北回歸線之間的咖啡帶，風土合宜，因此捲入這場全球性的種植生產行列。

二、咖啡何時傳入臺灣的說法不一。一般有三：禮密臣（Davidson）、田代安定及澤田兼吉。時間與傳播途徑不一，像是禮密臣認為英國商人在一八八一年從舊金山帶來咖啡樹苗至臺灣。田代安定考察認為，是與德記洋行有關的英人布魯斯（Robert H. Bruce），經常往來爪哇、馬尼拉及香港間，從馬尼拉引進臺灣。技師澤田推測，傳入的咖啡應與錫蘭島於一八六〇年代末出現的咖啡病菌銹斑病有關。

三、日本殖民臺灣後，臺灣總督府殖產局於一九〇二年創立了「恆春熱帶殖育場」，選定恆春半島，作為熱帶植物的培育場所。一九〇五年起，各園區咖啡母樹總計八千三百七十棵。從明治末到大正年間，恆春地區的咖啡品種來源多元：有臺灣在來種、小笠原島種、夏威夷種、南美種、賴比瑞亞種、加那利。這些對日本的全面種植擴張與傳染病菌而衰頹有密切影響。

四、一九三一至一九三二年間，東部花蓮港廳三移民村染上銹斑病，重創當地咖啡業，遭官方下令全數剷除。舞鶴臺地的咖啡事業趁機而起，住田會社在此投入大批人力物力。

五、提出臺灣各地咖啡農場的經營類型。咖啡種植要有氣候與風土配合，大規模的農場開發要有資本、土地、人力、機器、原料、農作物規畫、病蟲防治、收成、加工、儲藏、行銷、國際市場。業主需要對上述各種環節掌握概況。作者認為有幾種經營模式。有：平地農民式經營、大規模經營、山地農民經營、中等規模經營。基本上，日本在臺的經營咖啡農場規模大多在五百甲以下的中型規模。

六、一九四五年戰後，臺灣省農林處正式接收原來總督府農商局，從監理到接管，咖啡事業由盛轉衰。一九五三年底，由於國人咖啡需求量激增，大量仰賴進口，財政、農林及建設三廳開始研擬計畫，在臺北、臺中、屏東、雲林、臺東及花蓮等地，恢復種植咖啡可能性的規畫。之後，農復會也開始協助各縣市推廣辦理。

七、一九六〇至一九七〇，臺灣已有咖啡加工廠生產的罐裝咖啡粉產品，打著「臺灣咖啡」品名。隨著農復會美援的挹注終止，加上世界咖啡產區產量激增、進口稅額降低，與國外咖啡相較，臺灣咖啡無出口競爭優勢，全臺面積僅維持在一百公頃的小規模範圍。直到一九八〇年代，農林廳的年報中，經濟作物已不再出現咖啡這項統計數值。

八、九二一之後，雲林古坑咖啡於二〇〇三年舉辦第一次咖啡節，打響名號，此後古坑咖啡與臺灣咖啡劃上等號，再度開啟二十一世紀臺灣的咖啡熱潮。這部分的故事似乎可以寫成另外一本書，作者著墨不多，以此作為全書結尾，或許可為日後另外一本新書預留伏筆。

除了考證嚴謹及內容扎實之外，本書作者還找到各種珍貴咖啡種植的山林地圖及歷史老照片，而隨頁下頭的附註更是詳盡，幾乎可達專業史學的水準，令人相當佩服。

然而，這書畢竟不是學院史學作品，作者能憑一己之力，做到這樣成果，已相當不容易。若真要有些建議的話，就是引用這麼多的咖啡種植資料堆積出來的發展史，有些陳述細節實在過於瑣碎。章節雖然以時間排序書陳時代變化，但過多重複描述。此書若能較有故事性，那會更完美。

近年來，透過物來講歷史的相關著作愈來愈受到大眾的青睞，這些作品在歷史知識與故事性上都能掌握的恰到好處，既有學術性又能面對大眾。

《臺灣咖啡誌》絕對會是第一本描寫日治時期臺灣咖啡種植產業發展史的佳作，但不該是最後一本。史學界若能受此書啟發，利用書中提到的各種文獻，結合全球史視野與在地化特色，寫出像以下佳作，如：《維梅爾的帽子：從一幅畫看十七世紀全球貿易》（*Vermeer's Hat: The Seventeenth Century and the Dawn of the Global World*）、《中國煙草史》（*Golden-Silk Smoke*）、《棉花帝國：資本主義全球化的過去與未來》（*Empire of cotton: A Global History*）或麥田自家的新書《大吉嶺：眾神之神、殖民貿易，與日不落的茶葉帝國史》（*Darjeeling: A History of the World's Greatest Tea*），是我們共同努力的目標。

推薦序——

追尋臺灣咖啡歷史的偵探

胡川安
中央大學中文系助理教授
「故事：寫給所有人的歷史」網站主編

咖啡浪潮

「再忙也要和你喝杯咖啡！」

哥喝的不是咖啡，而是後面那段時間、情意與氣氛。臺灣近幾年喝咖啡的風氣相當興盛，以往還具有點文青氣息，主要是學生族群或年輕人的飲品，後來逐漸成為全民運動，街角邊的便利商店紛紛投入咖啡的市場。

咖啡除了進入了平價的飲料市場，另一個趨勢則是往精品咖啡發展，世界不同的地方都舉辦了咖啡的比賽，有沖泡方式的競賽，也有烘焙上的差異，讓咖啡的多樣性越來越豐富，飲用上也日趨講究。

臺灣這波咖啡的浪潮和世界是同步的，也就是所謂的「第三波咖啡潮」，有第三波也就有第一波和第二波，第一波的咖啡浪潮發生在二次世界大戰到一九六〇年代。由於戰爭的關係，咖啡能夠提神醒腦，在美軍的軍糧中大量的使用，透過戰爭讓咖啡快速傳播，二次戰後搭配即溶咖啡的上市，美國一般人都能消費起咖啡。

但第一波咖啡浪潮所推廣的咖啡由於廉價，使用具有苦澀口味的豆子，必須要配上大量的糖和奶精才能入口，也讓美國咖啡和爛咖啡畫上等號。第二波的咖啡浪潮則是由星巴克所帶起的風潮，以深焙的咖啡為基底，配上綿密的牛奶，香氣四溢，配合咖啡店的裝潢，讓咖啡店成了文青、上班族的熱門聚會場所。

第三波的咖啡浪潮不像星巴克積極的進行全球的擴張，也沒有提供特別的場所供文青們消費，而是具體的強調咖啡從生產到飲用過程中的每個環節。除此之外，更加強調每杯咖啡的風格與獨特性，追究生產過程的透明性與公平性，豆子如果是透過經濟剝削而來的則不取，同時會注重農業的可延續性，讓咖啡的生產和飲用更具備知識性。

臺灣本地所生產的咖啡也和第三波的咖啡浪潮一起發展，公元二〇〇〇年之後各地都開始投入咖啡的種植，對於烘焙的講究和沖泡方式的追求，讓臺灣的咖啡文化也產生出自己的獨特性。

被遺忘的臺灣咖啡史

簡單回顧一下咖啡浪潮的歷史，就可以知道在第三波咖啡熱潮興起之前，臺灣有一段時間的空白，是在全球的咖啡浪潮之外，臺灣咖啡史不只是現在進行式與未來式，還是一段被遺忘的過去式，被遺忘的過去主要是二次世界大戰結束後，原本在日治時期興盛的咖啡生產，在政治、社會和經濟的轉變之下由盛轉衰。

臺灣咖啡在日治時期的繁榮主要和日本當時流行的咖啡文化相關。美國波士頓大學的人類學家 Merry White 寫了一本 *Coffee Life in Japan*，她為什麼對日本的咖啡有興趣呢？因為日本人普遍地飲用咖啡不是在 Starbucks 引進之前，早在一百年前就已經流傳開來，全世界第一家咖啡連鎖店就誕生在日本。一百年前，咖啡店已經成為日本的重要生活空間，促進與創造日本文化的現代化。

全球第一家咖啡連鎖店不是西雅圖的 Starbucks，而是一九〇九年水野龍所開的「老聖保羅咖啡館」（Café Paulista）。水野龍是第一代日本赴巴西的移民，當時日本的移民主要到北美幫忙西部墾荒，日本移民的勤奮傳到巴西政府的耳裡，希望引進日本移民到巴西墾荒。大約一萬名的日本移民在十九世紀末期到了巴西，時值咖啡價格大跌，水野龍抓住了時代的契機，建議巴西政府推銷豆子到日本。他從巴西政府拿到大量免費的咖啡豆，在銀座八丁目開設了第一家「老聖保羅咖啡館」，由於咖啡豆的取得相當低廉，所以咖啡也賣得不貴，吸引許多大學生和年輕的知識分子在此逗留、倡議。

一百年前台灣的咖啡文化是因為日本人殖民統治下所傳播，並且產生的「現代性」生活。本書的作者文可璽是臺灣咖啡歷史的偵探，前一本書《臺灣摩登咖啡屋：日治臺灣飲食消費文化考》追索日治時期大正末期到昭和期間，也就是一九二〇年代末到三〇年代間，流行於日本的咖啡屋也傳播到台灣，在各大城市之間都吹起了風潮。當時咖啡不只是賣咖啡，還有一種時尚的味道，甚至帶著點歡場的氣氛，帶動了社會上層階級的社交文化，並且成為臺灣現代化消費生活的一種象徵。

相較於前一本書，《臺灣咖啡誌》則是從餐桌到產地，了解臺灣咖啡種植的歷史。究竟何處才是臺灣第一個種植咖啡的地方呢？近年來由於雲林古坑咖啡節的成功，很多人都想要知道哪裡和何時才是臺灣最早種植咖啡的地點？有人推到日治時期，也有人更往前的拉到了荷治時期，眾說紛紜。

由於以往咖啡種植的材料相當的零散，又散落在不同的語文當中，加上第二次世界大戰後，國民政府來臺的關係，相關的資料佚失，都讓臺灣咖啡種植的歷史產生了很多難以解決的謎團。幸好文可璽的《臺灣咖啡誌》蒐集了堅實的歷史資料，並且透過系統性的整理，讓一切的謎團都在證據的照亮下解開。除此之外，本書最為難得的是作者踏查過不少咖啡的植栽地，加入了空間與地理的向度，提供更為立體的歷史。

「咖啡世代」在臺灣

咖啡——一種神奇的黑色飲料，如今已是全世界最普及的嗜好飲品之一，據估計，全球有三分之二的人口飲用它，每天消費量約十四億杯❶，而國際咖啡組織（International Coffee Organization, ICO）在二〇一五年的統計數據指出，直至二〇一四年全世界咖啡總產量已達一億四千一百萬袋；咖啡的消費則有供不應求的趨勢，喝咖啡的消耗量超過生產量，達到一億四千九百萬袋。而這些都還只是咖啡組織會員國的統計而已❷。至於臺灣的生產情況，根據國內農委會農糧署統計，二〇一三年度臺灣咖啡收穫量有八十七萬四千一百二十三公斤，二〇一五年度因風災雖降至七十五萬六千九百五十八公斤，與十年前二〇〇三年度的收量三萬五千零三十八公斤相較之下，增長皆超過二十倍之多❸。

從一九九八年起，臺灣咖啡進口量幾乎呈百分之百的成長率，依據臺灣咖啡協會二〇〇三年至二〇〇四年三月的統計，臺灣咖啡生豆進口量將近十七萬袋。其中單單統一星巴克咖啡一年就能賣掉一千萬杯，另如85℃咖啡連鎖店也宣稱一年可賣出約三千五百萬杯❹。其他根據中華民國進出口貿易值表，「咖啡、茶、馬黛茶及香料」貨品項內的進口量增減比顯示，以二〇一四年度為例，單就咖啡進口貿易一項，含未烘焙與已烘焙咖啡（未抽取咖啡鹼）的進口淨重已達二千零五十九萬六千六百二十三公斤（三十四萬袋），金額二十五億二千八百八十九萬八千元，早已超越二〇〇四年進口兩倍之多[5]。其次，在咖啡飲料市場上，臺灣咖啡零售業及便利超商現煮咖啡的營業額有近百億元的商機，咖啡館也有八十億元表現[6]，咖啡進口量逐年提升以及國內咖啡消費人口持續擴大的情況下，應可以預見咖啡進口量將越來越多。從二〇一六年度臺灣咖啡全年作物各縣市產量可見[7]，臺北市、澎湖縣除外，臺灣各地已普遍試種咖啡，並有一定成績。

此一世界性嗜好飲料已是當今非常重要的高價值經濟作物之一，也因此，咖啡被形容為另一種「黑金」，可說當之無愧。近年國內咖啡消費市場擴大，也加速相關咖啡產業的投入競爭，如連鎖咖啡店、景觀咖啡館、速食店、即飲與即溶咖啡產品等。部分農民也看見了咖啡此種高經濟作物的獲利率，因此可見一些農民加入咖啡種植的行列；再加上週休二日相繼帶動國內休閒旅遊人口，更進而提供另一種咖啡莊園自產直銷的景觀休閒模式[8]。根據行政院農委會農糧署之咖啡產量統計，至二〇一六年度為止，國內咖啡作物種植面積達到一一〇四．二二公頃[9]；二〇一七年以特用作物咖啡為主要農作的產銷班九十一班，有一千三百九十人投入咖啡種植[10]，難得一見的是，金門縣首次加入咖啡種植，值得後續觀察。相較於臺灣咖啡初次爆紅的二〇〇四年度二一三．三三公頃種植面積而言，擴增的趨勢強勁，也顯現臺灣近幾年因咖啡消費人口增加，帶給農民投入咖啡產業的一線契機。

雖然臺灣的咖啡市場從九〇年代末以後，有逐年攀升的情形，但根據已知的文獻史料，臺灣咖啡種植事業曾歷經幾次的波折與消長，從十九世紀末開始，即有洋行將咖啡帶入臺灣試種，之後臺灣進入日治時期，更有日人引進品種試驗推廣，在第二次世界大戰前已漸漸形成企業規模，但戰事也中斷日人企業在臺灣經營逐漸成熟的咖啡事業；戰後六〇年代以及八〇年代雖然有零星的種植，除了早期國人的咖啡消費習慣並不普遍的因素之外，咖啡產量少、人力以及土地成本偏高等問題，終不敵國外成本低廉的咖啡，臺灣咖啡事業也因此退出國際市場，呈現停滯的情況。

二〇〇三年雲林縣政府及古坑鄉公所舉辦「第一屆臺灣咖啡節」，一種結合咖啡田園景觀休閒產業的出現，也讓臺灣在地的咖啡種植事業重現曙光，古坑鄉華山、劍湖山等地儼然成為臺灣地方咖啡產業的觀光熱門景點。二〇〇三年各大報紙媒體爭相報導雲林古坑臺灣咖啡的在地栽植，以及自九二一地震後古坑華山社區再造，形塑了咖啡原鄉的一頁傳奇。

與世界咖啡產業比較起來，臺灣的咖啡種植事業成本仍然偏高，但咖啡莊園自產直銷的高獲利經營方式，也讓部分咖啡農抱持很高的期待，正當咖啡飲料改變了日常生活的飲食習慣，咖啡消費市場持續擴大之際，目前已知臺灣各縣市鄉鎮[11]，有農民相繼投入咖啡種植，更有咖啡農專精於咖啡品種、加工的改良，成績斐然。但由於咖啡種植經驗與技術傳承曾經有過斷層，照顧看似容易的咖啡樹，仍需一定的栽培技術，千禧年前後較早投入咖啡種植的在地農民，則大部分苦無種植經驗，農業知識與技術的取得，幾乎是土法煉鋼從零開始摸索⑫，所幸古坑咖啡的成功，讓咖啡重回經濟作物舞臺，在合適耕種咖啡的各鄉鎮也屢見咖啡產銷班成立⑬。而近年臺灣咖啡或咖啡職人在國際賽事上嶄露佳績，也讓農委會、農改場和地方農會開始重視咖啡的經濟潛力，並頻頻舉辦相關的研習和評鑑；更見為數不少的年輕人投入個性咖啡店、複合式獨立書店的經營，或可預期未來，臺灣正進入一個全民的「咖啡世代」。

臺灣咖啡的消費額度每年節節增加，連鎖咖啡店也逐年暴增，喝咖啡宛如全民運動。此股熱潮延燒最明顯的時候，可見於二〇〇三年雲林縣古坑鄉所舉辦的「第一屆臺灣咖啡節」達到高峰，古坑鄉華山、劍湖山等地也因此成為臺灣地方產業的閃亮之星。二〇〇五年臺南東山也跟進舉辦首屆東山咖啡節，隔年第二屆已為東山締造近億元商機⑭。

臺灣咖啡雖帶動地方景氣，創造熱銷佳績，而有關咖啡何時傳入的故事莫衷一是，各界說法「搶頭香」的意味濃厚⑮。二〇〇三年雲林古坑「第一屆臺灣咖啡節」舉辦後，有關臺灣咖啡在地栽種的報導確實引起消費者與媒體的關注，但對於臺灣到底何時傳入咖啡的源起時間則眾說紛紜，旅遊報導雲林、南投臺灣咖啡產地，提到「亞熱帶的臺灣，昔日也是咖啡的產地，日據時代在嘉義、雲林一帶推廣種植達六千多公頃……」⑯；或者「雲林古坑山區，在日治時期可是赫赫有名的咖啡豆產地……」⑰；甚至有部分資料顯示，傳說中臺灣種植咖啡的時間早在荷蘭時期已有荷蘭人移入。

作家愛亞也提到此種傳聞：「咖啡山其實就是荷苞山？不過咖啡山不是荷苞山的新名字，而是舊名，哪時候的舊名呢？一說是十七世紀西元一六二四年之後（明熹宗天啟年後）荷蘭人據侵臺灣，喝咖啡的荷蘭人不可能等待遙遠的海船船期運送咖啡解癮，依據咖啡生長環境，荷蘭人選擇了雲林古坑……在古坑，荷蘭人決定了一個小山做為種植咖啡的農地，這個無名的小山便被稱為『咖啡山』。古坑人便喊它『加比山』了！」[18]另外《新新聞》一篇題為〈古坑咖啡．有祖先的味道〉的文章中，也引述了荷蘭說，「臺灣咖啡發達的歷史，應該可以追溯到荷蘭據臺時」[19]。

另有《中國時報》報導：「根據雲林縣古坑鄉長謝淑亞表示，古坑種咖啡的歷史可上溯到日據時代，約一九二七年左右……」[20]，以及陸續有《聯合報》報導：「日據時代起，古坑即被日人發現它得天獨厚的條件，開始栽種咖啡……」[21]皆提到古坑耕植咖啡的約略年代。但到了二〇〇四年第二屆臺灣咖啡節舉辦時，《悠遊雲林觀光護照》手冊裡，選擇將種植時間又推回荷蘭傳說時期，「相傳荷蘭人曾依據咖啡生長環境選擇古坑種植咖啡；清光緒年間英商來臺貿易，意外發現古坑不管氣候、土質或排水都相當適合種植咖啡，曾產出品質特優的咖啡。到了日據時代，開始有計畫地在古坑荷苞山栽種阿拉比卡種的臺灣咖啡……」

日人治臺後，認定咖啡為具有經濟價值的飲料作物，曾在臺灣全島投入相當多的資源栽培，並追溯在地最初的原生種，可惜咖啡移入臺灣的時間今人卻未能多加查驗，到底真相如何？到了二〇〇五年報紙介紹古坑所提到的〈臺灣咖啡〉還有如此的敘述：「臺灣咖啡於清朝由荷蘭人引進，日據時期一九三一年日人『木村』再引進種植在雲林古坑，一九四一年圖南株式會社生產達到高峰……」㉒也把以往的相關記載剪裁混揉。

二〇〇五年十月起，古坑劍湖山世界舉辦「二〇〇五年咖啡嘉年華」，在官網咖啡博覽館內的「總館簡介」中如是說：「劍湖山世界位處於雲林縣古坑鄉——『古坑』為全臺僅存的臺灣原生咖啡產地，在提高產業發展與人文歷史的前提下，打造一個屬於知識與休憩的『世界咖啡博覽館』。」除了加強臺灣咖啡原產於古坑的印象，也暗示了其他產地的可能性被摒除在外。探討及調查臺灣曾經有過的咖啡種植足跡，更是越說越遠。

雖然臺灣咖啡的起源說沸沸揚揚，但在後續考掘的文獻上，清末最初由洋商輸入臺灣應是可信的說法，一路追蹤臺灣咖啡足跡，宛如一場推理課，除了日文資料的翻譯、比對，更多是在想像的地圖中反覆摸索歷史原貌，尤其二戰期間與戰後國家身分的轉換，都讓文獻史料與歷史經驗產生某種程度的斷裂。也更能感受到，所謂自認為的歷史樣貌，只不過是其中一種敘事面向而已，何者為真並非建立在顛撲不破的史料上，歷史的想像反而占了大部分。《臺灣咖啡誌》雖是臺灣原生咖啡種植生產的歷史性整理，但何嘗不是一場閱讀的探涉與樂趣，來，如果準備好了，就讓本書陪你迷走臺灣咖啡的歷史地圖。

註釋

❶此為二〇〇〇年的數據，直到今日，咖啡消費有增無減。《咖啡》，香港：三聯書店，二〇〇二年十一月。

❷世界咖啡組織網站中的貿易統計，以世界咖啡組織會員國為統計對象，每六十公斤為一袋。

❸資料來源：行政院農委會農糧署網站。

❹一杯咖啡若平均以十五公克計算，則一千萬杯的重量可達十五萬公斤，也就是等於二千五百袋。楊倩蓉，〈當我們成為咖啡世代〉，《30 雜誌》，二〇〇六年四月號。據美食達人公司總經理吳政學表示，85°C 進口咖啡豆數量已超越星巴克咖啡，《工商時報》，二〇〇六年五月二十九日。

❺參考國際貿易局經貿資訊入口網 http: // cweb.trade.gov.tw / 之數據。

❻王翠華，〈我國咖啡市場分析〉，《農政與農情》第二五七期，民國一〇二年十一月。

❼行政院農委會農情報告資源網。http://agr.afa.gov.tw/afa/afa_frame.jsp。從一〇二年度到一〇四年度的咖啡產量有一些波動，減少約十萬公斤，顯示過去一年風災嚴重影響收成。咖啡產量雖有遞減，種植總面積各縣市互有消長，但總面積呈現增加狀態，顯示農民對種植咖啡仍有莫大信心。參照附錄「二〇一六年度臺灣咖啡全年作物各縣市產量表」。

❽二〇一二年臺灣咖啡生豆價格為進口生豆一公噸〇．四萬美元的三．四倍。雖然農民投入咖啡種植逐年增加，但仍無消費市場競爭力，人工成本高是主要因素，不過朝咖啡休閒莊園的經營方向，則可與一般飲品消費有所區別。

❾種植面積以屏東縣奪冠，臺東縣次之，顯示兩縣地理風土頗利於咖啡生長。資料來源：行政院農委會農糧署網站。

❿行政院農委會農業產銷班組織體系資料服務系統，http: // cagrpmg.afa.gov.tw / agr-Sed / agrJsp / login.jsp，「全國各縣市咖啡產銷班統計表」，民國一〇六年六月。產銷班數量前三名為南投、臺東、屏東。

⓫二〇一六年度資料顯示已知臺灣目前栽種地區有：屏東縣、臺東縣、嘉義縣、南投縣、臺南市、雲林縣、高雄市、花蓮縣、臺中市、宜蘭縣、新竹縣、苗栗縣、彰化縣、新北市、桃園市、嘉義市、臺北市、金門縣。金門縣首次在二〇一六年度進入咖啡種植行列。資料來源：農情報告資源網。

⓬臺灣咖啡在九二一地震後因古坑咖啡的成功，造成臺灣一波種咖啡風潮，但有關種植的知識與技術仍在摸索階段，相關的指導書籍當時竟還停留在一九八八年出版。近年的咖啡風潮也帶動茶改場重新重視咖啡病蟲害的研究，已見有零星的相關咖啡論文刊出。

⓭據農委會統計各縣市咖啡產銷班，臺灣自一九九八年之後才開始有咖啡產銷班建立，最早為改制前的臺中縣，一班十四人。可知自從農復會時期停止推廣以後，臺灣在九〇年代末才有農民重新種植咖啡並組織產銷班。資料來源：農業產銷班組織體系資料服務系統。

⓮臺南東山咖啡節於二〇一二年改稱東山咖啡季，除了咖啡產業，臺南市政府也同時結合推廣東山的柑橘與龍眼特產。

⓯臺灣曾掀起一陣故事行銷力，為了打動消費者的心，其中一樣條件即是歷史感，咖啡在地耕種的歷史就顯得非常重要。

⓰《中國時報》「旅遊週報」報導，二〇〇三年七月二十四日。

⓱《自由時報》「臺灣咖啡原鄉之旅」報導，二〇〇三年十月九日。

⓲愛亞，〈加比山〉，《自由時報》「副刊」，二〇〇三年十月十日。

⓳《新新聞》第三七三期，二〇〇三年五月十九日。

⓴《中國時報》「美食通」，二〇〇四年八月三日。

㉑《聯合報》「生活秀」，二〇〇四年八月三日。

㉒《中國時報》「休閒旅遊版」，二〇〇五年一月二十六日。

臺灣咖啡誌

目次

「殖產興業」下的臺灣熱帶產業

日人治臺後的咖啡事業發展

明治至大正年間日人在臺的咖啡試種與推廣

昭和時期（一九三五—一九四五）咖啡事業再興

戰後咖啡事業的接收與初期發展

附錄

喫茶

開業廣告

蓬萊閣

支那料理

臺北市日新町

電話

一九三五年現在

台湾珈琲産地図

皆様御待兼ねの
永樂獨特のすき燒を始めました
臺北市西門町
商談懇親會
御會合御宴會
合等に御利用
願ひます
永樂
電話 三〇九〇一〇九七七

落付いた
ソファーの上で
爽快な
紅茶の一杯で
お過し下さい

美人座

住田物産株式會社珈琲農場

臺灣コーヒー商會

臺灣產珈琲

花蓮港廳下豊田
瑞珈園船越製

TAIT & CO.,

ESTABLISHED 1846.

新体制料理
山水亭
電話四九七六番

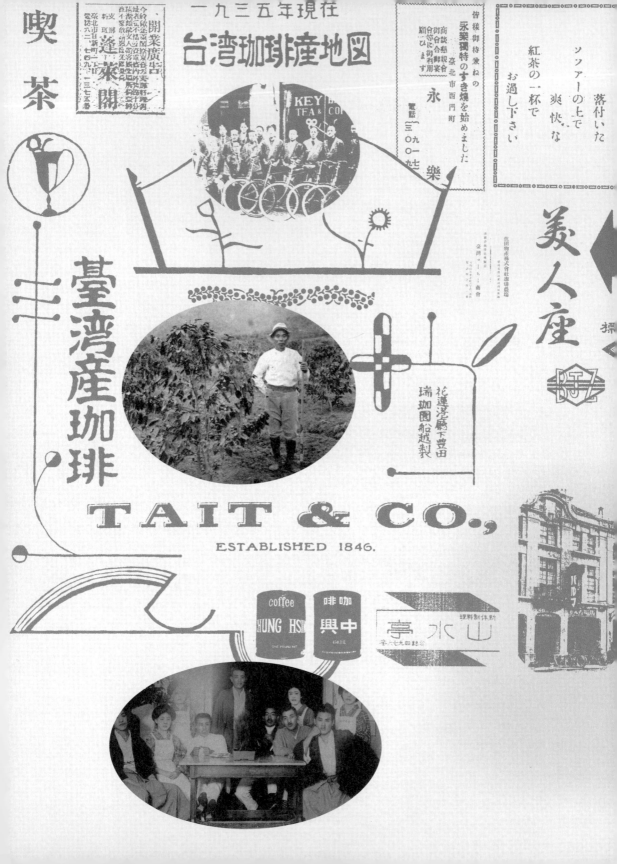

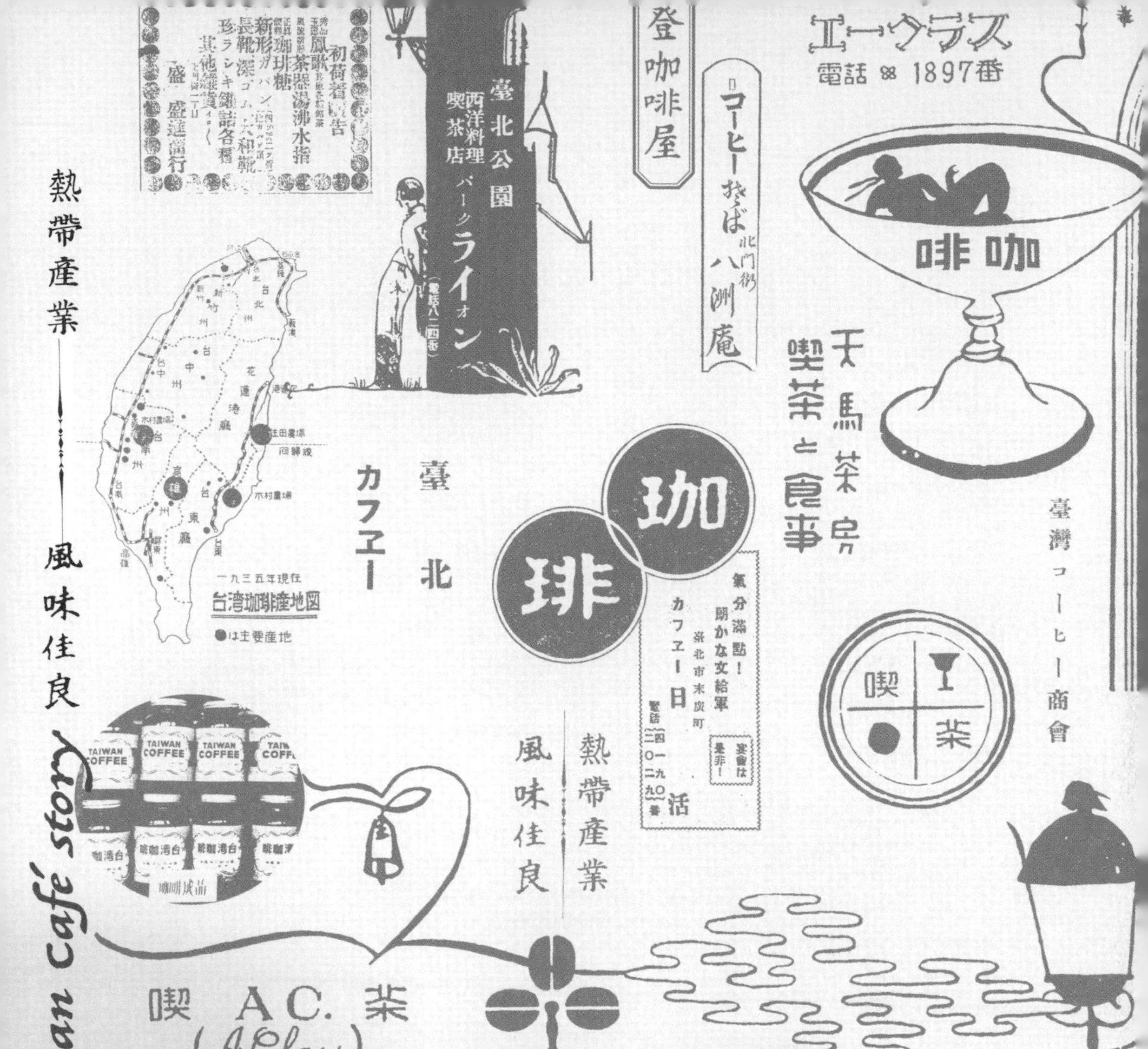
熱帶產業——風味佳良
Taiwan Café story
臺北公園 西洋料理 喫茶店 パークライオン
登咖啡屋
コーヒーおそば 北門街 八洲庵
エークラス 電話 1897番
咖啡
天馬茶房 喫茶と食事
臺灣コーヒー商會
臺北 カフェー
珈琲
カフェー日活
一九三五年現在
台湾珈琲產地図
●は主要產地
TAIWAN COFFEE
熱帶產業 風味佳良
喫 AC. 茶
(A Class.)

臺灣咖啡誌

文可璽 著

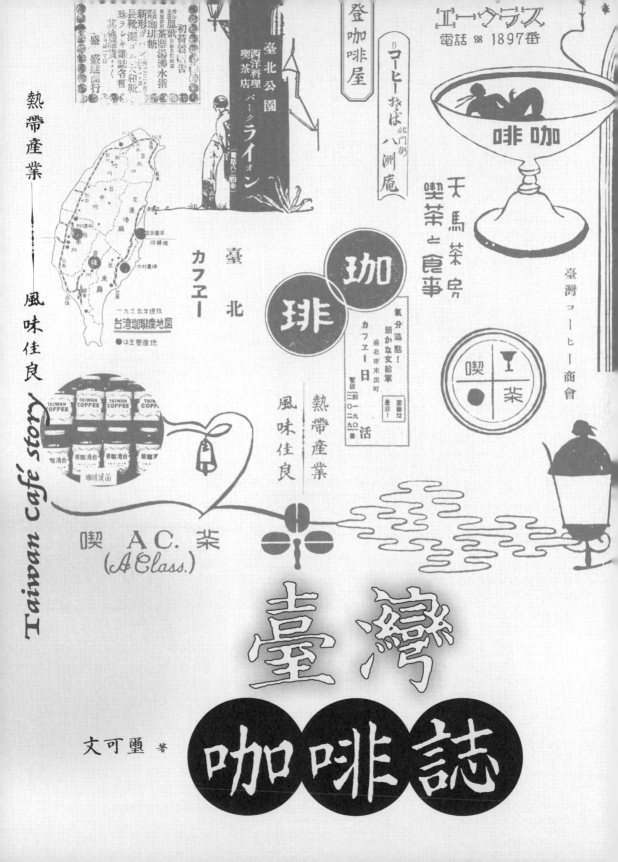

楔子——日本時代臺北摩登咖啡屋之旅

咖啡玩家第一人

聽說光聞咖啡香心情就好的人已是咖啡成癮，此種情狀實不難理解，幾世紀以前，當英倫還禁止婦女踏入咖啡館時，歐陸音樂家巴哈就曾譜寫一齣詼諧的《咖啡清唱劇》，讓成癮的女主角現身咖啡館高歌：「啊！多麼香醇甘美的咖啡，勝過千萬熱情香吻，比那甜酒更甜美。」今日聽來反倒如夢工廠的電影中經常安排的酒癮角色。

來到一九一〇（明治四十三）年代日本銀座，讓咖啡普及化，人人可以更便宜喝上一杯五分錢咖啡的聖保羅（パウリスタ）咖啡屋，草創時期的文宣就直接帶出其濃烈而又誘人的特性：「如鬼那樣黑，如戀愛那麼甘，如地獄那般熱的——珈琲」。若回到十七世紀初，日本人與荷蘭紅毛人交手之際，要他們喝入這種烏漆抹黑的苦水根本敬謝不敏，現今日本卻已是進口咖啡的大國，轉變之劇烈令人咋舌，凡人皆無法預見咖啡有如此過人之魅力。

◎日本銀座聖保羅咖啡屋現貌。

從來只熱中茶葉貿易的臺人茶商也因為洋行引介咖啡而有一知半解的想像，有史即曾記錄清國對洋務較開明的有識之士已接觸過這種新興作物，甚至打算在臺地推廣種植，只可惜咖啡作物太新奇，農民見不到收益，商人觸不著市場，消費者更不懂品嚐，當時注定是「歹命」的農作物。但不可否認的，從種植咖啡到烘焙咖啡豆，在十九世紀末的大稻埕，茶商與洋商之間已進行過一場沉默試驗，咖啡的冒險或許因此展開。日

◎東京聖保羅咖啡屋廣告，一九一九年。

◎聖保羅咖啡屋之商品提袋復刻廣告。

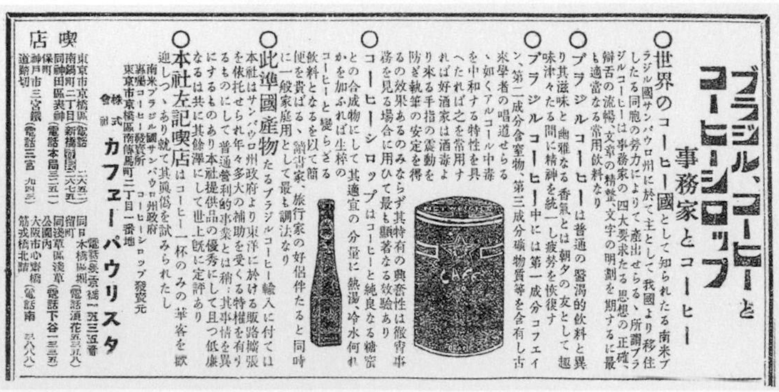

◎東京聖保羅咖啡屋廣告，一九一九年。

人植物學家田代安定就曾記載咖啡在大稻埕啟蒙的嘗試：

> ……而此園內所採得之珈琲豆，則送往大稻埕節記號之李春生處，託其用石臼碾碎炒製後試飲，後來甚至還購入專門炒製珈琲的機械，進行大量烘焙，並將成品送予英國龍動府品嚐，竟然博得意外好評，據說對方還稱讚此足以名列第一流的珈琲之林。❶

這不僅是大稻埕「番勢」李春生❷土法煉鋼的咖啡初體驗，後來更進一步購入烘豆機，加入自家烘焙的行列，也堪稱臺灣咖啡玩家第一人。咖啡在臺灣種植生產的歷史，已非單純的政權轉換可以割裂，大抵橫跨十九至二十世紀之交，臺灣原生咖啡已正式出現在官方採集紀錄中，只可惜天時地利未能配合，沒有消費市場的農產品得不到知音，咖啡事業大夢只得前功盡棄。

咖啡之道

當時送達李春生手裡的咖啡櫻桃，已知從擺接堡冷水坑（今土城清水）游其祥、游其源堂親兄弟的咖啡園採集，那麼兩地最近的距離從冷水坑往小南門「重熙門」前進，直闖臺北城後，循小南門街、西門街和北門街銜接並貫通城垣而出北門，直

❶ 田代安定編纂，《恒春熱帶植物殖育場事業報告第一、二輯》（第二輯），臺灣總督府民政部殖產局，一九一一年三月三十一日，頁二〇〇。另有一八九七年〈永和興會員名簿〉中登記舊和記李春生，顯示李氏脫離和記洋行自行創業「節記號」，仍以茶葉與煤油為主要貿易商品，也因此在茶商公會以後的紀錄上，李春生的身分註記就變成舊和記。英國龍動即倫敦。

❷ 李春生剛到台灣，曾任寶順、和記洋行買辦，周旋於洋人與清官間，後經營烏龍茶外銷有成，成為地方富紳。市井因此流傳有「番勢李春生」。

達大稻埕千秋街、建昌街（今貴德街）及六館街（今南京西路底）一帶，如果不往千秋街的商行，或許送抵港邊後街的李春生自宅，莫非這一條往返產地與烘焙坊的道路可稱為臺灣最早的「咖啡之道」。

日人領臺後一八九六年（明治二十九）底，餐飲業在大稻埕的分布情形有：建昌街一丁目的西洋料理業一間，以及其他日本料理業、飲食店；建昌街二丁目則有日本料理業。對於西洋料理菜單而言，餐前酒和餐後咖啡均屬平常，不過既然此處有外商與領事辦事處，西洋料理主要消費對象當以駐臺的洋人居多，在地臺人喝咖啡的習慣尚未普及，不過在市街上倒是先見識到一種另類的咖啡糖舶來品，原來是最早渡臺與官府或軍方關係良好的御用商紳，看準日用品雜貨消費市場，始政一年後，隨日文報紙在臺創刊，也利用媒體的宣傳管道開始刊登廣告，一八九七年一月十七日，有盛進商行從日本進口的新到貨廣告寫著：

◎日本時代三線道風景，為今日之中山南路，盡頭是小南門。

◎大稻埕建昌街。

◎大稻埕六館街。

秀品玉露鳳歌　其他各種發酵茗茶
風流新形茶器燒水壺
正真便利珈琲糖
……

喝咖啡的人口雖不成氣候，盛進商行倒已率先進貨賣起了咖啡糖，在軍人、軍伕禁止吸食鴉片後，供予軍政兵員另一種便於攜帶，又可提神醒腦的口含糖果。後來甚至大稻埕知名果物蜜餞商寶香齋也加入這種咖啡糖販售行列。由於咖啡糖的方便性，因此夾帶於咖啡供需之間，在日本東京淺草和銀座，甚至有些飲食小店就以咖啡糖充當咖啡沖泡，有人形容那種糖果是「粗方糖內加入咖啡的粉末。一注入熱開水，稍微甜甜的，很快咖啡香氣就上來了」。不消說，即溶咖啡在未來出現也就

◎盛進商行城內北門街本店。

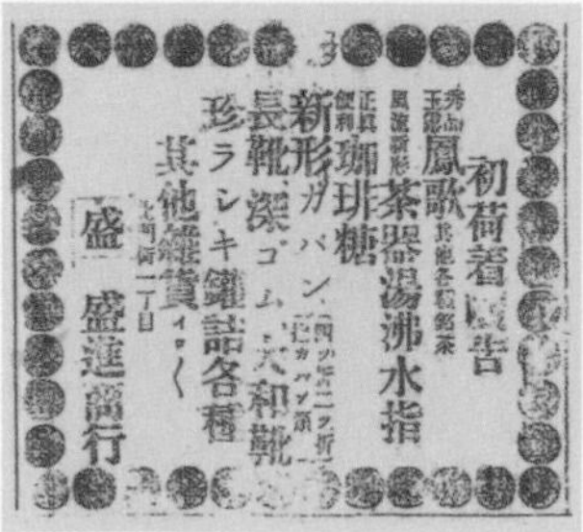

◎盛進商行咖啡糖廣告，一九〇五年。

不必太訝異了。

西門市場賣咖啡

一九〇一年（明治三十四）底，縱貫線鐵道改道，不再直通大稻埕水門，而從臺北站經西門直接轉往艋舺，一紙十二月版的「改正臺北市街地圖」，竟無意間塗銷北門外大稻埕鐵道，北淡線也從此年起通車，似乎註記了稻江河運的末路，終究讓位給新世紀主角——縱貫南北兩大港的鐵道運輸。一九〇八年（明治四十一）西門外新起街做為一指標性、現代化的模範西門市場（今西門紅樓）落成未啟用前，為配合縱貫線鐵道全線通車，在可預見的觀光旅遊人口與消費盛況，具有特色的八角堂建築成為籌畫舉辦「臺北物產共進

◎改正臺北市街全圖，一九〇一年。

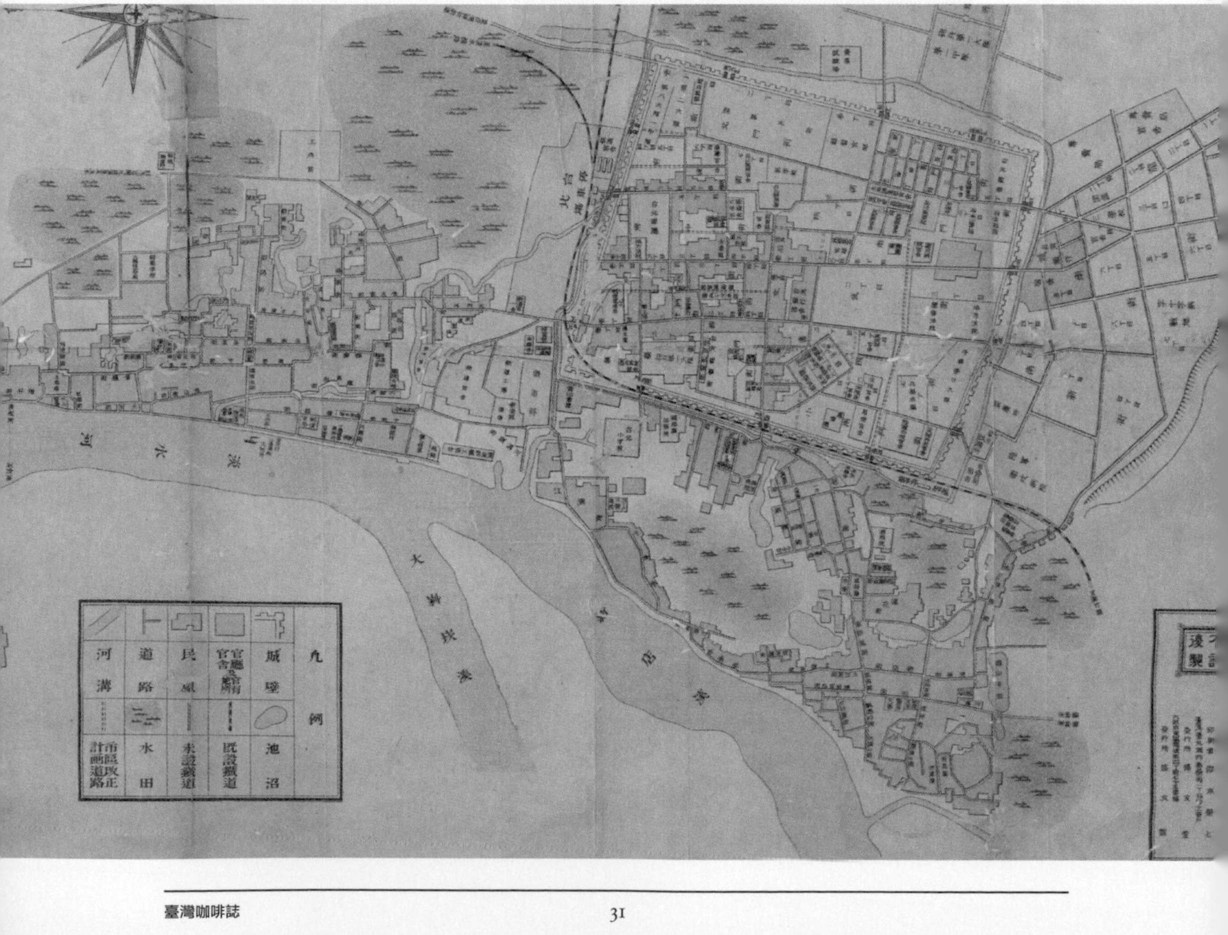

會」主會場使用。共進會期間進駐販賣壽司和年糕紅豆湯的商人關口龍太郎，在會期結束後順勢留下，準備租下一樓第九間開設玩具店，並在二樓第十四間賣起咖啡豆。原本坪數不算大的空間，上下樓層皆分割成十四家賣店，格局小巧，就已知文獻所示，關口商店進駐市場，名正言順成為臺灣第一家真正咖啡豆專賣小舖。不過好事多磨，市場延至一九〇九年（明治四十二）三月才正式開場，雖然生鮮部門生意興隆，但八角堂的賣店卻毫無起色，關口商店的咖啡生意未見後續消息，一九二〇、二一年（大正九、十）間，八角堂因內部建材腐朽停歇了許久進行整建與招商，可惜重啟經營的市場二樓已無「珈琲（關口）」蹤影。

◎西門市場八角堂 offset 食堂，一九二八年。

◎西門市場。

◎西門市場八角堂 offset 食堂。

歐風咖啡屋公園獅

一九一二（大正元）年十二月，被譽為臺灣第一家咖啡屋「ライオン」（公園獅）在臺北公園內臺北俱樂部旁開張，公園獅為了正式宣告開幕，店主篠塚在十二月一日籌畫了一場園遊會，當天施放煙火，數百位的來賓，因逢星期日，客人擠爆公園獅，給公園帶來熱鬧的盛況。公園獅的命名想法原仿自東京銀座獅咖啡屋，其建築構造有報導指出：

一棟頗為時髦的西式建築，建坪六十五坪多，上樓螺旋的梯子鋪有絨毛毯，有一間約五坪大、視野絕佳的房間。樓下的客廳約四坪，旁邊是十八坪的酒吧，其側另有二間半及四間大的客廳，這裡設有暖爐、餐桌、椅子、窗簾、匾額等一應俱全，一派時髦的風格，洋酒、日本酒，種類應有盡有，有賣整瓶的，也有論杯賣的。此外，從日本茶、烏龍茶、紅茶，到咖啡、巧克力、可樂類的飲料，亦無一不備，就連散步客的早餐、午餐、點心，也不用愁。

公園獅得天獨厚取得公園內絕佳地點，全新起造歐風建築，吸引各界眼光，但若說要吃西餐、喝咖啡，早在一八九七年（明治三十）底以改良西洋御料理宣傳的

◎公園獅。

◎一九二〇年代，以日本短歌創作為主的社團人形社在公園獅樓上聚會相談，照片右起為人形社同人西口紫溟、武井雪三、吉野秀公、柴田 廉、緒方武歲、吉見浪生。（引自歌集《南の國の歌》，大正九年版。）

◎公園獅女給。

「歐風コーヒー茶館」西洋軒已在西門外經營，遠比公園獅的時間足足提早了十五年。至於城內，在隔年（明治三十一）也能看見北門街八洲庵料理店大作「咖啡」廣告，很豪邁的說出「要找咖啡喝就到北門街八洲庵」。

喫茶店風潮

十九世紀以降，日本積極藉國際間舉辦博覽會的機會，將新領殖民地臺灣最具代表性的物產——烏龍茶，行銷全世界。而自從一九〇〇（明治三十三）年巴黎萬國博覽會臺灣喫茶店打響名聲後，也陸續征討各大小博覽會，成為臺灣茶開闢國際市場、拓展銷路的大舞臺。同時，博覽會當中喫茶店內可喝茶、吃茶點、歇腳的遊憩形態，也讓菓子商看見商機。一九一四年（大正三）三月，臺北已見日本老字號餅舖末廣屋販賣一種氣

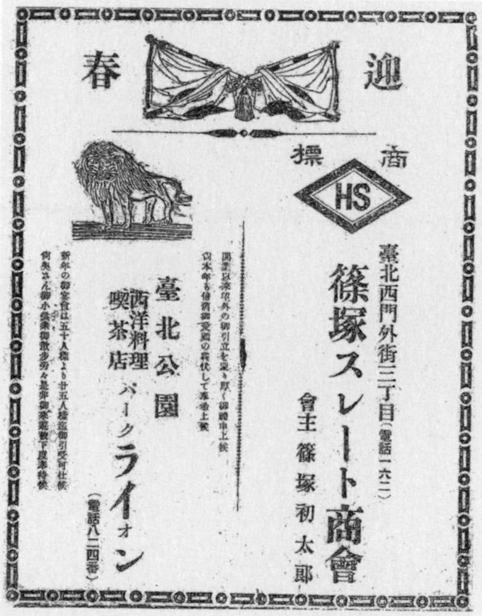

◎公園獅迎春廣告，一九三二年。

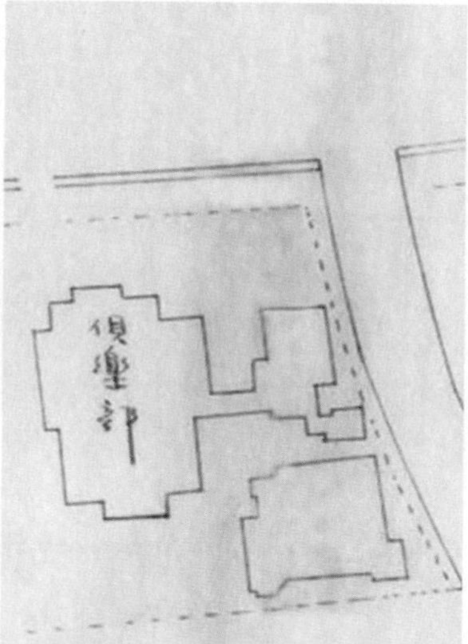

◎公園獅建築圖。

味淡泊的煎餅，其餅舖樓上即備有咖啡、粉汁（年糕紅豆湯之類的甜點），購買餅類的顧客，不論多寡皆可無限暢飲。一九一六年（大正五）臺灣總督府舉辦臺灣勸業共進會，臺北知名的菓子商大動作參加，有三日月堂、岡女庵、富士屋、朝日管堂、一六軒等五家聯合在第一會場新築的總督府四樓設立喫茶店，可明顯看出菓子商已開始結合茶食與飲料販售的點子。菓子商經營手法翻新，尤其大正時期以後日本製菓企業看準臺灣甜點、糖果消費市場與砂糖資源，先後進入臺灣設立營業據點，開拓新銷路，如以一六軒為基礎成立的新高製菓商會，在一九二四年（大正十三）成立的喫茶店品牌「新高喫茶店」。這一年臺北榮町、西門町等熱鬧商圈，相繼出現資生堂「帕爾瑪」（パルマ）喫茶店、新世界館電影院旁的末廣喫茶店、日日新報社前的水月喫茶店及西門町國際映畫館旁的永樂喫茶店等。

◎西洋軒，一八九七年。

◎八洲庵販賣咖啡的廣告，一八九八年。

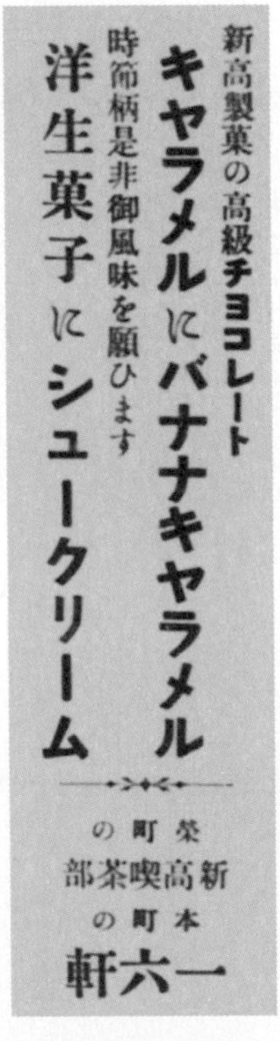

◎一六軒廣告，一九三〇年。

◎一六軒櫥窗廣告。

◎一六軒。

◎新高製菓花車宣傳隊，一九三二年。

◎新世界館電影院。

◎永樂女給渡船留影。

◎永樂咖啡屋。

◎永樂咖啡屋女給銀子。

◎永樂咖啡屋外觀和庭院，一九三一年。

◎帕爾瑪喫茶店，一九三一年。

一九二八年（昭和三），一六軒菓子商接手進駐八角堂二樓，將二樓賣場改裝為一六軒分店「オフセット」（Offset）食堂，設喫茶部、食堂和自由休憩所，開始供應茶、甜點、咖啡，也有大碗蓋飯或啤酒等食物，讓原本沒有餐廳的西門市場，多了一處顧客可以用餐、休閒的好去處。當時新聞報導，現場只見聊天、喝咖啡、吃甜點，喝著滿滿冰啤酒的人潮熱鬧滾滾。後來一九三四年（昭和九）有記者形容「オフセット」（Offset）食堂格局：

> 占領著西門市場八角堂整個二樓的這間食堂，不愧是掌握住眼前這一區繁華地帶的店，就地理位置來說，他們處於一個注定該生意興隆的狀況。陳列在樓下的實物菜單令人食指大動，上樓一瞧，大廳占據著八角形的六個角……

其他菓子商如森永製菓株式會社連續在東京大正博覽會（一九一四）、臺灣勸業共進會（一九一六）

◎森永製菓台北分店。

推廣牛奶糖，博得廣大民眾的喜愛，為拓展海外市場銷售額，一九二五年（大正十四）五月除了在臺設立「森永製品臺灣販賣株式會社」，店面樓上也設立喫茶部；一九二六年（大正十五）六月，臺式酒樓東薈芳也跟上這股風向設立喫茶部，販售西洋飲料、冰和麵包點心類。此外，較晚進入臺灣菓子市場的「明治製菓株式會社」，一九二〇年在本町也創立製品直營店「明治商店」，喫茶部則設在榮町二丁目。當時室內以蕾絲窗簾與夢幻色彩的壁紙裝潢，乳白色的燈光配合著輕快的音樂，毫無疑問的擄獲不少年輕消費族群，尤其是中學生。曾任《臺灣新民報》副刊主編的黃得時，回憶提到與一些朋友最常光顧的喫茶店就是森永與明治製菓兩家，他坦言：「咖啡館呢？都是志同道合的朋友，一同坐坐，談文學，欣賞名畫，聆聽名曲。」而喫茶店喫的又是什麼茶？「喫茶？是啊！咖啡和紅茶。」以後明治榮町賣店新建透天厝「菓子・喫茶——明治製菓賣店」，並於

◎森永廣告，一九三八年。

◎森永廣告，一九三八年。

◎台北市榮町明治製菓賣店與喫茶店。

一九三七年（昭和十二）一月一日開幕，三樓也附設大廳可供聚會。喫茶店的風氣由菓子店帶出後，影響遍及西洋料理店、臺式酒樓、藥店和食堂。顧客在店內可以喝上一杯茶、咖啡或蘇打汽水，配上點心或冰淇淋，肚子餓了還可用餐……這種可供闔家消磨消磨假日時光的休閒型態也因此逐漸形成。大正時代末期，臺北市區的喫茶店已是「一日五百人之出入」消費的熱門程度。「カフェー」酒家類型咖啡屋還未火熱流行前，毫無疑問的正是喫茶店的昌盛時期。

大正末期至昭和初期，「カフェー」咖啡屋力聘美貌女給服務，以現代化建築與摩登裝潢登場，在全新的經營模式與消費潮流逐漸傳襲臺灣後，一九二八年這一年，町區內登記在案的喫茶店或咖啡屋似

◎明治製菓花車。

乎平分秋色，大約有：文武町二丁目公園獅（臺北公園）；榮町二丁目的末廣喫茶店、新高喫茶店（一六軒）、四丁目水月喫茶店（水月堂）；若竹町二丁目 カフェーユニオン（Union）；大和町三丁目トモヱ（巴）；本町一丁目パルマ喫茶店（帕爾瑪）、臺北ホテル（兼撞球與喫茶）、同盟館、二丁目福福堂；表町一丁目森永、二丁目ボタン（牡丹）、鐵道旅館；西門町二丁目第一永樂喫茶、三丁目トンボ（蜻蜓）、タイガー（Tiger）、西門市場二樓一六軒食堂（Offset）；新起町一丁目第二永樂喫茶；御成町二丁目ホーラト（Horato）；新富町二丁目茗香喫茶店、三丁目清祥閣喫茶店；日新町二丁目瑞香喫茶店、樂天樓（樂天亭喫茶店）、清香亭（貸席及喫茶）；入船町二丁目德發喫茶店、三丁目友鶴、奴、四丁目次高（貸座敷及喫茶）；永樂町五丁目中西茶園（喫茶）；太平町三丁目清心亭（喫茶）、永樂茶園（喫茶）等❸，其中還不含多數可以喝咖啡的西洋料理店。❹

臺北市咖啡屋大觀

這股「カフェー」咖啡屋影響所及，除了瓜分市場，也讓部分喫茶店產生質變。一九三一年（昭和六）六月，大稻埕有楊承基開設此時唯一、也是臺人第一家喫茶店，不久終究不敵時下正時行的咖啡屋與酒家，為順應消費者的喜好，不得不變更

◎cafe 牡丹宣傳花車，一九三二年。

❸ 荒川久編，《御大典記念臺北市六十餘町案內》，臺北：世相研究社，昭和三年十一月十日。

❹ **台北市町界古今對照**：

◎**文武町**：中正區黎明里區域內。重慶南路的一部分，在劉銘傳時代為文武廟街，本町區因此得名。

◎**榮町**：今中正區光復里、建國里等範

營業方向，於同年十一月以後將喫茶店改造為「カフェー」式酒家，並聘請女給十名周旋其間。這也是大稻埕此類型咖啡屋之濫觴，店內十七、八歲可愛的本島女給小姐，幾乎與城內日人女給小姐的美麗不分軒輊，歡客紛紛投入溫柔鄉懷抱。戶外有燦爛的五色霓虹燈，室內有短髮俏麗、風姿撩人的摩登女郎，盡教人目眩神迷。咖啡屋的媚惑，實來自於女給無微不至的服務，客人點一瓶便宜的啤酒，叫一盤小菜，從容不迫的坐在雅座裡，忘卻一日間的積鬱，女給的一個撫握或擁抱，讓男人有了消除煩惱的藉口。

而原本單純的菓子商喫茶店也開始沾染咖啡屋的氣息。一九三二年（昭和七）六月，水月喫茶店在二樓新闢一大型的カフェー式食堂兼宴會場，有摩登現代化的設備和高吊的水晶燈，還聘有十幾位女給服務。臺北市當時經營者無不卯足全力在室內裝潢設備，及以貌美的金牌女給為號召。尤其大稻埕一帶的舞場，只見大膽活潑的、穿著清涼禮服或緊身旗袍、腳踩高跟鞋的摩登女性，伴隨著狂躁的爵士樂與男伴熱舞。以至於太平町大街上一入夜，每每看見跳完舞的摩登青年或臺灣仕紳，擁著穿旗袍的女給，又鑽竄到另一家咖啡屋尋找歡樂。新時代文明之都的咖啡屋，能夠廉價的提供一夜風流，難怪有人形容流連咖啡屋的這些人是 cabaret 黨（酒家黨）。

圍。衡陽路舊稱榮町通。

◎**若竹町**：萬華區新起里、仁德里、福音里等範圍。

◎**大和町**：今中正區光復里範圍。延平南路在日治時期稱大和町通。

◎**本町**：今中正區黎明里範圍。重慶南路一段舊稱本町通。

◎**表町**：今中正區黎明里範圍。館前路舊稱表町通。

◎**新起町**：今萬華區西門里、新起里等範圍。因西門外新起街而得名，其中新起街市場即今西門町紅樓。

◎**御成町**：中山區民安里、中山里等範圍。中山北路舊稱御成町通，一九二三年日本皇太子裕仁來台，因有行啟御成之紀念碑設立得名。

◎**新富町**：萬華區富福里、福音里、富民里、仁德里、青山里等範圍。今萬華車站在轄區內。

◎**日新町**：大同區朝陽里、建功里、雙連里、延平里、民權里等範圍。因早期大稻埕之日新街而得名。

◎**入船町**：萬華區菜園里、富民里、青山里等範圍。為早期萬華老街區，因臨淡水河有停靠小船的碼頭而得名。

◎**永樂町**：大同區玉泉里、永樂里、大有里等範圍。大稻埕迪化街舊時稱永樂町通。

◎**太平町**：今大同區玉泉里、建功里、朝陽里、永樂里、大有里、延平里、南芳里、隆和里、景星里、國慶里、國順里等範圍。延平北路舊稱太平町通。

咖啡時代

一九三二年，臺灣進入名符其實的「咖啡時代」，更有在臺日人著書立論帶領讀者一覽島內有美貌女給的知名咖啡屋，如「日活」、「牡丹」、「南國」、「公園獅」、「永樂」、「美人座」、「高砂啤酒館」、「我的巴里」（モンパリ）等。隔年，除了咖啡屋和喫茶店已超過三十家，還有同聲俱樂部、羽衣會館二家舞廳登場。二年後，一九三四年八月《臺灣婦人界》還特別企劃「臺北咖啡屋之旅」報導，直接點名「ブリユー　バード」（藍鳥）、「明治製菓」、「水月」、「新高」、「松月」、「丸福」、「光食堂」、「オフセット」（Offset）、「パルマ」（帕爾瑪）、「都鳥」、「來々軒」（來來軒）、「高砂ビヤホール」（Beer Hall，啤酒屋）、「菊元食堂」等享譽臺北的知名咖啡館、喫茶店、啤酒屋及食堂。從包羅萬象的經營內容看來，咖啡屋幾乎涵蓋了一般飲食與娛樂型態。

◎日活女給。

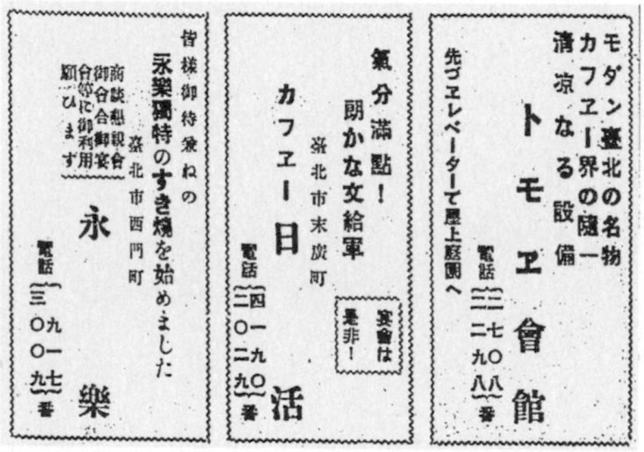

◎ 日活等咖啡屋廣告，一九三六年。

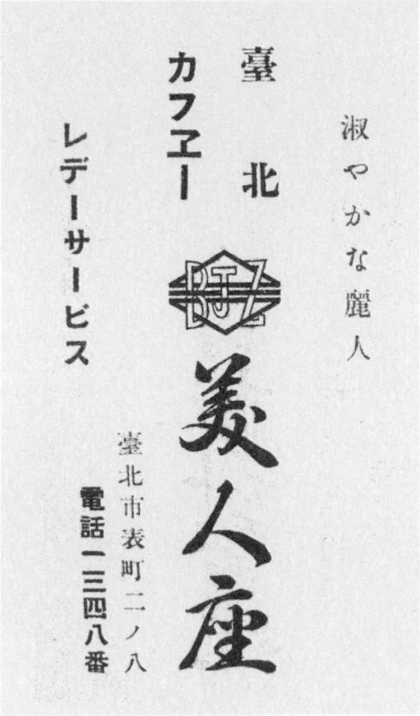

◎美人座咖啡屋廣告。

◎藍鳥咖啡屋室內壁燈。

◎都鳥咖啡屋內。

昭和十年始政四十周年博覽會漫步地圖

一九三五年（昭和十）十月臺灣博覽會舉行前後，城內以日人為主的咖啡屋與餐飲經營者共四十七家聯盟而成「臺北南カフェー營業組合」，陣容浩大且摩拳擦掌準備投入臺灣博覽會盛事。而大稻埕方面新開業的喫茶店與咖啡屋也增設不少，藝妲與女給們更輸人不輸陣，有同聲舞場、ヱルテル（維特）、沙龍OK、日輪、百合等咖啡屋眾女給一百多人參與，並由「臺灣新劇第一人」張維賢任舞臺監督指導，定期定時在當時大稻埕著名的飯店江山樓排練歌舞，準備在臺博大稻埕分場演藝館大顯身手。大約此時，張維賢擔任百合經理一職，打出女給錄用的條件為「一為會說日語；

第二會場

二為能留意服務、容貌」，因此幾乎每天都有應徵者湧入。臺博十日期間的大稻埕分場一時人氣沸騰強強滾，有新竹詩友林毓川在《臺灣日日新報》上發表〈始政四十周年臺灣博覽會紀念〉形容：

士女如雲集，參觀自博通；物陳諸館富，書閱百家同。藝品皆精品，人工奪化工；市廛添布景，勝會勝東南。

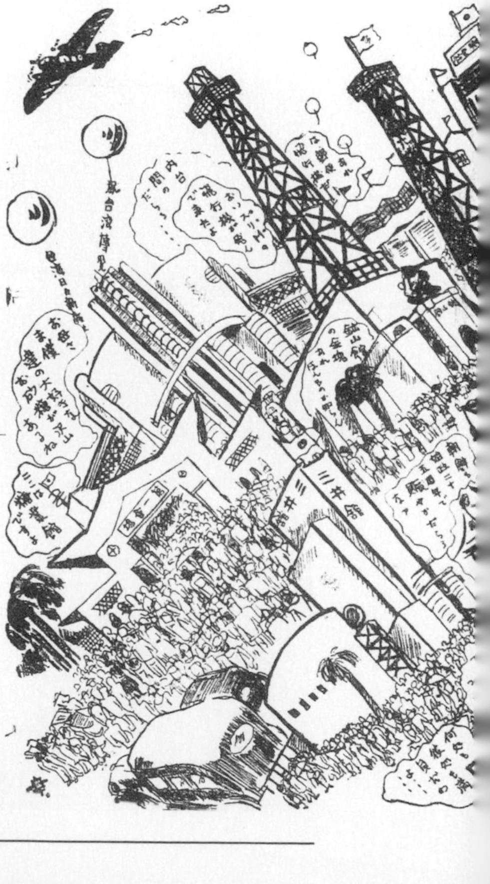

◎漫畫家國島水馬手繪之臺灣博覽會場景，一九三五年。

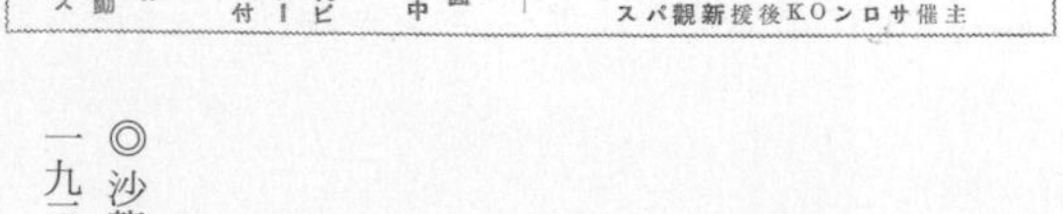

八月十一日
八里濱海水浴場
觀月會
主催サロンOK 後援新觀バス
會費金二圓 前賣中
往復自動車代ビール・サイダー 辨當 付
サロンOK 女給總出動 サービス

◎沙龍 OK 觀月會，一九三八年。

　　臺灣博覽會結束後來到一九三六年（昭和十一），臺北市街超過四十家カフェー咖啡屋，入船町有友鶴、榮海樓、松花樓、荻乃家；西門町有バーミツキ（美月Bar）、太陽、御姉ちゃん（姊姊）、あがつき（曉）、永樂、處女林、羽衣、吉

◎江山樓，一九二一年。

◎臺灣博覽會海報之一。

乃、改陽軒、僕の家；東門町有東門ビヤホール（Beer Hall）；大和町プラチナ（鉑金）、トモヱ（巴）；本町的スズラン（鈴蘭）；北門町的サロンリリー（沙龍百合）、バンザー（萬歲）；榮町的ヴエニス（威尼斯）、南國；新起町的カタリヨバー（Katariyo Bar）、紅蘭、ツバメ（燕子）、ムーンスター（Moonstar）；有明町的王川、第一歡看樓；京町的銀鳥、ゴンドヲ（Gondola）；太平町的孔雀、大屯、第一、日輪、龍宮、サロンオーケー（沙龍OK）、ヱルテル（維特）；綠町有蝴蝶；末廣町有日活、メトロホール（Metro Hall）；表町有ボタン（牡丹）、辰巳亭、美人座；

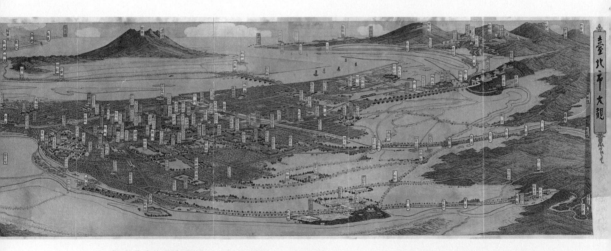

◎臺北市大觀鳥瞰圖，一九三五年。

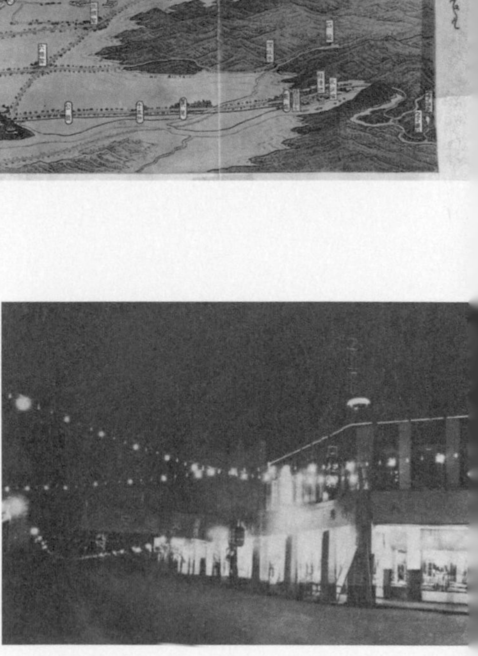

◎太平町通夜間風景，一九三五年臺灣博覽會舉辦期間。

◎菊元食堂室內。

永樂町有百合；御成町有ヒシヤ（Hishiya）等。喫茶店在本町有パルマ（帕爾瑪）、福福堂；榮町有菊元百貨食堂、ブリユーバード喫茶部（藍鳥）、ヒカル喫茶部（光）、エークラス（A Class）、明治製菓喫茶部、高砂ホール；永樂町有モナミ（暸望）；太平町有ボレロ（波麗露）、松竹、森永キャンデーストアー（糖果冰淇淋店）等❺。二家舞場，西門町羽衣會館及太平町第一ホール。此外若再納入混合著酒吧類型的食堂，此時期已是自咖啡時代以來咖啡屋流風最顛峰的寫照了。❻

大東亞戰爭時期的咖啡屋

一九四一年（昭和十六）臺灣逐步進入戰時新體制，並於十二月八日（夏威夷時間十二月七日）日本聯合艦隊偷襲珍珠港，頓時世界秩序驟變，殖民地臺灣成為日本帝國大東亞共榮圈的南進基地，社會上普遍瀰漫著全面戰爭開始後的物資緊縮心理，「武運長久」的精神標語旗幟在各地的商家懸掛，永樂咖啡屋或菊元百貨店皆看得見。一九四二年（昭和十七）三月，總督府情報局針對料理店、酒吧等高級娛樂發表停止享樂的呼籲也浮出檯面，在全面戰爭的動員下，有咖啡屋也轉而成為和洋料理餐廳，如太陽或銀鳥，曾幾何時杯觥交錯、酒綠燈紅的夜生活也抹上一絲黯淡。一九四三年（昭和十八）至一九四五年（昭和二十）間喫茶店類型逐漸與

❺《臺北市商工人名錄昭和版》，昭和十一年，頁二二一—二三〇。

❻**台北市町界古今對照**：

◎**東門町**：今中正區東門里、文北里、文祥里等範圍。因東門而得名。

◎**北門町**：今中正區光復里、黎明里等範圍。因北門而得名。

◎**有明町**：今萬華區青山里、富民里等範圍。

◎**京町**：今中正區光復里範圍。博愛路舊稱京町通。

◎**綠町**：今萬華區糖廍里、富福里、富民里、青山里、綠堤里、柳鄉里、華江里等範圍。

◎**末廣町**：今萬華區福星里、萬壽里等範圍。中華路一段西至淡水河一帶。

◎光食堂店招。

飲食店合併登錄，如一九四三年有辨金、ハルナ（榛）、銀水、新建發、光食堂、株式會社森永、太平洋、辨金京町分店、信濃屋、來來軒、東家、丸樹食堂、臺北食堂、天馬茶房、月光莊、松竹食堂、ミナミ茶房（南茶房）、山水亭、蓬萊閣食堂、清遊軒、八洲庵、食堂樂、二鶴、飲食神田すし（壽司）、旭軒、協和會館、さくら（櫻）。而臺北市登記在案的「カフェー」的十九家，則有日活、ボタン（牡丹）、喜樂園、永樂、牡丹、孔雀、旭軒、辰己、胡蝶、亞細亞、サクラ（櫻）、合資會社大千、三仙樓、富士（原「維特」改名）、朝日會館、天馬、ヒバリ（雲雀）、大屯、株式會社第一カフェー。另一方面，大東亞戰爭後以砂糖為原料的製菓生產配額緊縮，幾年下來菓子商喫茶店類型幾乎消弭無蹤，喫茶與飲食已無清楚界線。或許是今朝有酒今朝醉的環境氛圍所致，一九四五年登錄的咖啡屋反而逆勢成長至將近

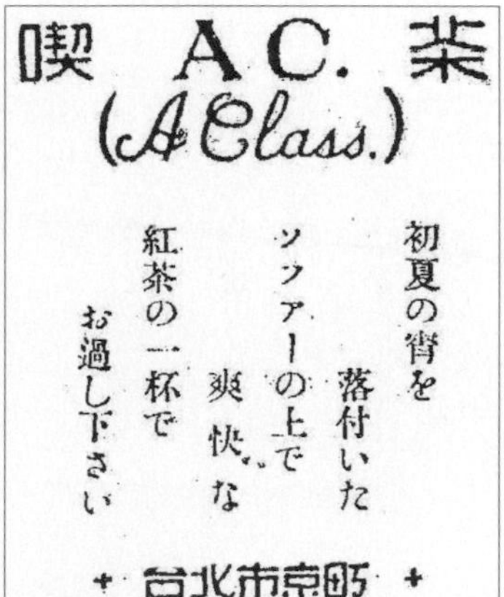

◎ A Class 喫茶店廣告，一九三六年。

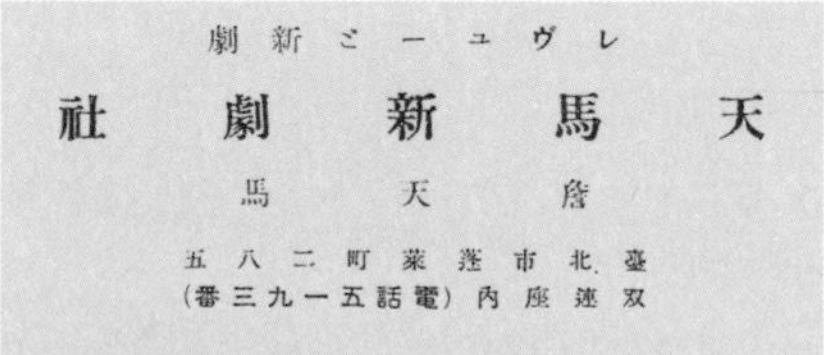

◎ 天馬茶房詹天馬創設之天馬新劇社廣告。

◎ 天馬茶房廣告，一九三九年。

四十家，數量由太平町及西門町引領風騷，如太平町有第一、富士、沙龍OK、孔雀、大屯、龍宮、大都會；西門町則有永樂、羽衣、太陽、美月、妹妹、處女林、吉野、コロムビヤ（哥倫比亞）、曉、園子、陣屋、龍水等。

戰爭末期這一年，若走往太平町通最為集中的娛樂盛場，可由戰後二二八事件之燃點太平町三之一（面向今南京西路。三之一，指「三丁目一號」，以下同）天馬茶房開始，二樓就有供應酒肴的孔雀咖啡屋，隔鄰三之二還有富士咖啡屋座立十字街角，前身是ヱルテル（維特）；之後轉往太平町通（今延平北路），接鄰的是戰後成為大千百貨的前身，一度曾為大和洋行及亞細亞旅館；往前有三之六十三朝日會館內沙龍OK或三之六十四永樂茶店，倘若未盡興體力夠，一路向北漫步，等著的還有三之七十四第三世界館、三之八十二月光莊、三之八十六高砂啤酒屋或三之九十一松竹食堂，隔鄰三之九十二，還有波麗露西洋料理，吃完西餐還可在合設的茶房ミナミ（南茶房）小憩片刻；三之一二八有家大都會遠遠招手，堅持再走幾步路的話，不遠還可光顧位於三之一五九一樓的龍宮，或者二樓的山水亭，老闆王井泉曾把維特打點的有聲有色，昭和十四年自立山水亭，是當時文化人少不了的聚會場所；三之一八九、一九〇有孔雀敞開迎接酒客；往後如果要看電影或跳舞，前往四丁目的第一劇場，樓上樓下皆可滿足娛樂消費；要不然一旁大屯咖啡屋同樣可以接待散場後的續攤客；而昔日老牌臺式糕餅店寶香齋雖在第一劇場對街另起爐

◎山水亭廣告。

灶，可惜已乏力喚回老顧客的心了。

走過這一段暖身小旅行，咖啡帶來的滋味雖無天翻地覆的衝擊，倒也令市井小民見識到文明飲料的魅力，不管種植生產或飲食消費，咖啡已是未來城市消費文化的縮影。喝咖啡名列世界性潮流，龐大的經濟利益誘人，也吸引不少國家與資本家投入咖啡開拓事業，臺灣剛好位於南、北回歸線之間咖啡帶（Coffee belt）經過地區，風土合適得宜，命運從此捲入這場種植生產競爭之中。

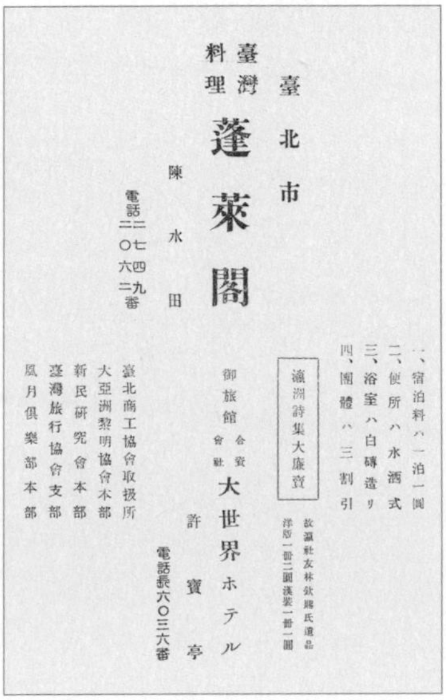

◎蓬萊閣開業廣告。

◎《風月報》內蓬萊閣廣告。

十九世紀末「加非果」足跡

十九世紀末，咖啡樹究竟何時、何人以及如何引進臺灣？史料記載不一。但從一八七七年（光緒三）福建巡撫丁日昌針對臺東、恆春和埔里等地所擬定「撫番善後二十一條章程」則可見端倪，其中咖啡相關紀錄有：「靠山番民除種植薯芋、小米自給外，膏腴之土栽種無多，以致終多貧苦。應選派就地頭人及妥當通事帶同善於種植之人分投各社，教以栽種之法，令其擇避風山坡種植茶葉、棉花、桐樹、檀木以及麻、荳、咖啡之屬，俾有餘利可圖，不復以遊獵為事，庶幾漸底馴良。所有各項種子，由員紳赴郡局領給；俟收成後將成本按年繳還，以示體恤……」❶

「撫番開山善後章程」雖出現「咖啡之屬」關鍵字，但「招墾連年，終無成效」，章程是否實際執行，農民是否真正施種過；山界原住民與漢人之間的緊張關係仍然存在，歸附的原住民是否信任並願意執行仍大有問題。又如一八九一年（光緒十七），清澎臺道兼布政使唐贊衮亦提到「加非果」（「加非」即 coffee 轉譯）

◎牡丹社事件後恆春設縣築城，圖為日治初期恆春城西門城牆。

❶馮用，〈劉銘傳撫臺檔案整輯錄〉，《臺灣文獻》，第七卷第三、四期，一九五六年十二月二十七日，頁一〇一—一〇三。另，胡傳在《臺東州采訪冊》內敍及以前的文獻曾記載提供種子給移民一事，但胡傳本人對此真實性持保留態度。

推行新政的船政大臣丁日昌

◎ 丁日昌。

一八七四年（同治十三）日本「臺灣出兵」攻打南部牡丹社原住民的軍事行動後，臺灣的戰略地位才引起清帝國的關注，主持此次議約的福建船政大臣沈葆楨也說：「此次之善後，與往時不同。臺地之所謂善後即臺地之所謂創始也。善後難，以創始為善後則尤難。」❷不同於以往的解決難度，真的讓他說中了，善後的發展急起直墜，短短二十一年後，一八九五年（光緒二十一）中日甲午戰役後，臺灣、澎湖割讓日本。

當時沈葆楨也認為臺灣的經營不可再用邊陲的觀念經營，「臺灣海外孤懸，七省以為門戶，其關係非輕。欲固地險，在得民心，欲得民心，先修吏治營政。」❸原來，臺灣在清帝國統治下，民心從未向壹。而在這二十一年間，臺灣究竟發生了哪些事？清帝國做了什麼？咖啡為何會出現在臺灣？一八七四年事件後，丁日昌主張擬以臺灣為南洋海防中心，並駐泊鐵殼船。是年，丁日昌接任船政大臣，隨後又繼任福建巡撫，對經營臺灣有全盤的籌畫藍圖，清廷在此際也新頒諭旨，規定福建巡撫冬春兩季駐

◎ 牡丹社人石版畫像，一八九六年。

臺，夏秋駐閩。一八七六年（光緒二）丁日昌移駐臺灣，到一八七七年四月以健康理由離臺，短短半年間，在臺巡歷雖讓他深入了解臺地民生與防務，但嚴厲整飭吏治、改革賦稅的手段，並非人人可接受，直接來自福建同僚的反對壓力，加上健康欠佳，終致去職。

丁日昌對臺灣內政的改革還有一大重點，即番務與墾務的處理。從一八七七年正月巡視南部鳳山、恆春一帶；二月錄取府試番童陳寶華一名；以及三月賑助嘉義、彰化之水埔六社原住民，可見丁日昌對番務的重視。因此，隨後在三月底擬定施行細則的「撫番善後二十一條章程」，是歷來治理臺灣原住民所見最具體的辦法，其中一條例「應選善於種植之人，分投各社，教以栽種茶葉、棉花、桐樹、檀木、麻、荳、咖啡之屬」，成為最早看見咖啡成為官方主導的經濟作物政策。

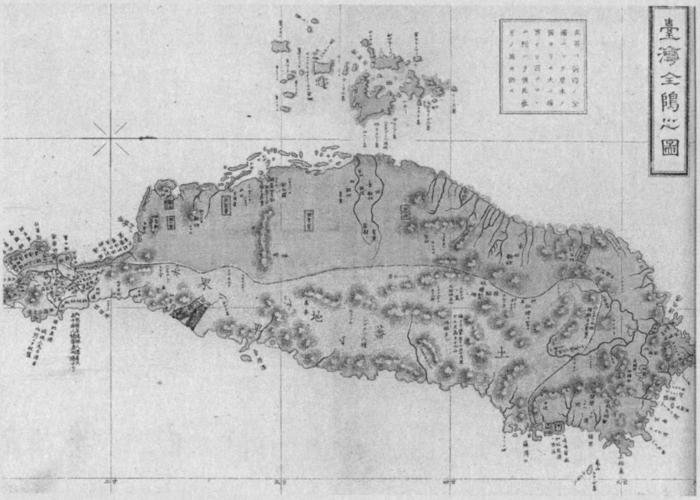

◎牡丹社事件發生前，日人對臺之測繪圖「臺灣全島心圖」，一八七四年。

❷沈文肅公政書卷五，〈請移駐巡撫摺〉。

❸同上註。

❹唐贊袞，《臺陽見聞錄》，臺灣省文獻委員會，一九九六年九月三十日，頁一六九。

條目❹，見「英商杜西凌向白胎坪左近購地數十畝，布種『加非』番果甚多」。也記錄了當時外國人來臺種植咖啡的紀錄。白胎坪一地為今桃園復興鄉角板山霞雲坪一帶，原泰雅族社域，漢人因為入山取樟侵墾，又有官方作後盾，也為臺灣咖啡種植濫觴之原生地之另一線索。

戰地記者禮密臣（James W. Davidson）

禮密臣是一位美國戰地記者，一八九五年三月來臺。臺灣割讓日本，日軍登陸臺灣挺進時，禮密臣受紳商請託，與和記洋行英人 Thomson 及魯麟洋行德人 Ohly 二位洋商，前往水返腳（汐止）迎日軍進臺北城，後來也因此敘勳「五旭」，並成為日軍禁衛師南下「掃蕩」的隨軍外國記者。一八九六年（明治二十九）成為第一任美國駐淡水代辦領事。

◎ 日治初期北門迎官亭

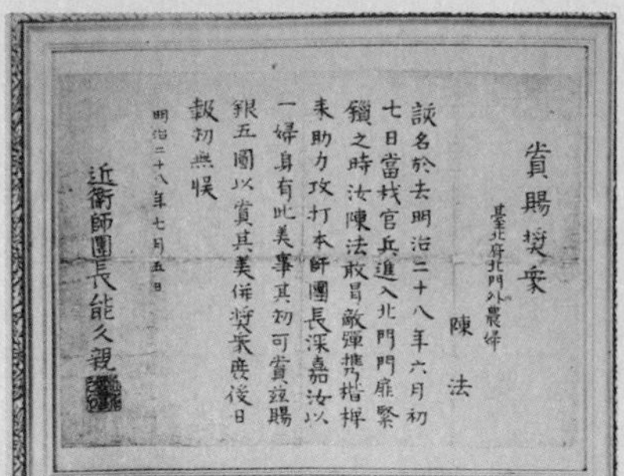

賞賜獎票

臺北府北門外農婦

陳 法

該名於去明治二十八年六月初
七日當我官兵進入北門門扉緊
鎖之時汝陳法敢冒敵彈携梯押
來助力攻打本師團長深嘉汝以
一婦身有此美事其功可賞茲賜
銀五圓以賞其美併獎表彰後日
報効無悔

明治二十八年七月五日

近衛師團長能久親

◎ 除了禮密臣等幾位洋人，另有辜顯榮與其他幾位士紳參與迎接日軍進城，日軍雖接近臺北城近郊，但仍不敢貿然進入城內，當時有一農婦陳法與其子搬來竹梯讓日軍登城進入，日軍因此未流血而占領臺北。

而據禮密臣撰寫《臺灣之過去與現在》（*The Island of Formosa, Past and Present*）之記載❺，臺灣咖啡的種植紀錄也始於一八九一年，有英國德記洋行的商人在一八九一年從舊金山帶來咖啡樹苗❻，並轉給了德記洋行的傭人余阿順（Yu ah-sung）、余阿立（Yu ah-ku）兩兄弟栽種❼。禮密臣提到的咖啡事蹟篇幅雖短，但出現的余阿順、余阿立兩兄弟到底是何方神聖？可說是臺灣咖啡一頁歷史最重要的註腳，以致日人領臺後因為採集臺灣原生咖啡，遂將兩兄弟推上舞臺，宛若臺灣咖啡開拓先鋒，有進一步探究的必要。

咖啡移植臺灣之濫觴

一八九四年（光緒二十）日清甲午戰役發生時，剛與佩利北極探險隊（Peary Arctic Expedition）回到美國的從軍記者禮密臣聞此戰

TAIT & CO.,
ESTABLISHED 1845.
Merchants and
Commission Agents.
Head Office: AMOY, CHINA.
BRANCHES:
Keelung (Formosa)
Corresponding through Daitotei.
Peking and Tientsin.
BRANCHES:
Anping and Takao (Formosa)
Corresponding through Daitotei.
Daitotei and Tamsui (Formosa)
Corresponding through Daitotei.
General Importers Exporters
& Government Contractors.
Agents for Chartered Bank of India, Australia and China, Toyo Kisen Kaisha, Peninsular & Oriental S.N. Co., Pacific Mail S.S. Co., and other Steamship Companies, Fire and Marine Insurance Companies. General Managers Amoy Dock Company, Limited.
HANDLE TEA, SUGAR, RICE, SULPHUR, PIECE GOODS, METALS, CAMPHOR, ETC
Telegraphic Address:
"TAIT" Amoy.
"TAIT" Daitotei.
Codes in use: Lieber's A.B.C. 5th Edition, A1, Western Union and Private.

◎德記洋行業務廣告。

❺ 禮密臣（James W. Davidson）也被稱為達飛聲、禮密臣、德衛生、大衛孫等，本著作近年另有陳政三新譯本《福爾摩沙島的過去與現在》。

❻ 根據《臺灣之過去與現在》出版年份一九〇三年一月推算內文所述時間而得。

❼ 余阿立與余阿順之漢譯姓名出自蔡啟恒譯《臺灣之過去與現在》，臺灣銀行經濟研究室，一九七二年。即後來日人報導下的游其祥與游其源。臺人又因為稱呼游其源別號阿韮，所以又有游阿韮的稱謂，游家後代也證實游其源有「阿韮頭」的名號。姓氏「余」或「游」，名字「賞」或「祥」皆因譯音的判斷而起。陳政三新譯本已調整譯成游其祥與游其源。

事，立刻向社內提出採訪申請，隨後前往日本，一八九五年三月，禮密臣已轉進臺灣隨日軍採訪。以後在臺八年多的時間，除擔任記者與代辦領事，也撰寫出版在臺的所見所聞，其中曾粗略的指出臺灣的咖啡栽培於「距今十二年前，由大稻埕之德記洋行（Tait & Co.）自美國舊金山輸入幼苗及種子，種植於三角湧，並分讓一部分予游氏兄弟（Yu ah-sung and Yu ah-ku），栽培於板橋附近……」。此處對咖啡移植臺灣的因果已有較為具體的描述，時間上約略與唐讚袞的記載吻合，但最大的問號還在於咖啡種苗輸入地、臺灣最先種植地，或者咖啡栽植的先行者等紀錄仍留下不少疑點。一八九五年日清馬關條約後，臺灣割讓日本，對於這塊陌生的熱帶島嶼，不啻為各方人馬可以大顯身手的處女地。咖啡在臺灣雖僅少數人知悉，但在植物學家或殖民統治者眼中卻也是「見世物」（新奇稀罕之物）蒐羅的對象之一，

◎橫濱丸內台灣割讓會議始末圖繪，一九八五年。

做為文明開化的嗜好飲料植物，當然不可缺席。因此，在臺灣咖啡採集的過程中，皆持續有官方報告或新聞報導的關注，不過更主要原因在不同文化接觸後語言上的落差而造成的認知分歧，Davidson 對咖啡的描述很可能只是參雜洋行友人的描述而成。

此外第一批來臺的臺灣總督府職員田代安定，早期曾參與冷水坑游氏兄弟咖啡園內原生咖啡的採集，日後在編纂恆春殖育場的報告中，對臺灣原生咖啡種植始末，與禮密臣筆下的咖啡淵源卻有不同的記述❽，正是互相矛盾的一例。田代氏以為，臺灣咖啡移植濫觴是德記洋行的英國人布魯斯（Robert H. Bruce）❾，此人經常往來於馬尼拉、爪哇和香港之間，曾經在一八八四年（光緒十）時從馬尼拉運來一百棵咖啡樹苗，其後交給三峽地區楊乾之的弟弟楊紹明耕種，不過首批栽種的樹苗只剩十棵存活下來。到了隔年一八八五年，德記洋行又進口了一批咖啡種子，交給楊紹明繼續栽培，最後雖然能夠繁殖成功，並增長至三千多棵，可惜到了一八八七年（光緒十三），由於高山原住民突然出草攻擊開墾戶，使得楊氏因傷而亡，咖啡園也因此荒廢。其筆下無端出現的三峽地區施種者楊氏兄弟，卻因此延伸另一樁公案，楊紹明是誰？與游氏兄弟的來往關係為何？由於牽連較廣，先暫且不表，留待後話再一一說明❿。

---

❽ 一九一一年（明治四十四）臺灣總督府出版田代安定《恆春熱帶植物殖育場事業報告第一、二輯》第二輯中〈珈琲木移植試驗報文〉一節有殖育場開闢咖啡園的緣由，頁一九九—二〇一。《臺灣經濟年報》曾於一九四二年重刊此文。有關咖啡傳入的不同說法，有可能是田野採訪時因對象不同而致說法不一，當然以後資料引用者就有不同源頭出處，時間一久，孰是孰非更難判別。不過當時一些殖民官員確實有到現場採集咖啡並經由報紙即時披露行程與成果，應是較為可信的紀錄之一，後文將逐一說明。

❾ 所提到的咖啡移植濫觴，德記洋行的布魯斯是何人也？或許禮密臣《臺灣之過去與現在》中曾提及的布魯斯（Robert H. Bruce）可以互相參照，此翁於一八七〇年至淡水，設立德記洋行，做茶葉輸出的買賣，是德記洋行的經理，早於一八七六年在臺南安平設立德記洋行，後來另於淡水（一八七〇）以及大稻埕（一八七二）也設有行號，即可能與後來傳說中的德記洋行移植咖啡的布魯斯為同一人。

❿ 田代安定雖親自參與游氏兄弟咖啡園的採樣，但其多年後的追記又與當時的新聞報導有所出入，也因而令人混

博物學家田代安定

博物學家田代安定出身日本九州鹿兒島，年輕學成後曾任職日本內務省博物局，編輯動植物目錄。由於對熱帶植物研究的興趣，積極投入琉球、八重山的動植物調查，尤以規那樹的研究成績斐然，成為南島研究的專家。臺灣未割讓日本前，田代氏已有相當見解，曾當面建議樺山資紀，「臺灣島嶼早晚一定會歸屬我們，今日起就必要研究開島情況。」⓫也因此，一八九五年日清戰役後，日本對臺灣澎湖進行軍事行動，田代安定立即以志願從軍的方式參加。田代雖然對熱帶植物有莫大熱情，但令人詬病之處在登陸澎湖後，也同時受命蒐集情報，偵查可疑分子，形同軍事間諜。

他隨軍進入臺北城後，進入改制的民政局殖產課農務擔任課員，即馬不停蹄出入宜蘭、花東與臺南地區考察，全然不畏異地危險，以一個外來者進入這些地區從事踏查。至於有關臺北冷水坑的咖啡採集，田代安定也扮演了關鍵角色，以後任職恆春殖育場主任（一九〇二—一九〇五），也重新徵調一批冷水坑的原生種咖啡到殖育場培育。

◎年輕時的田代安定。

淆。但不妨將不同說法當成是田代氏對不同時間、不同技師採樣的選擇性記述。

⓫ 又吉盛清著、魏廷朝譯，《日本殖民下的臺灣與沖繩》，臺北：前衛，一九九七年十二月，頁一六—二一，引田代安定〈駐臺三十年自敍誌〉言。

臺灣原生咖啡踏查

日人領臺後咖啡採集紀實報導

日人治臺後，對熱帶植物多方廣求，咖啡樹種即其中之一，為求明當時的來龍去脈，可先就時間順序一一比對咖啡種苗的採集行動。

一八九五年（明治二十八）八月總督府有計畫性的透過外務省通商局進口夏威夷與墨西哥的咖啡種子以及馬尼拉的菸草，初期會採用國外輸入的方式，可能是日人還未能得知臺灣本土已曾栽培過咖啡❶。

直到一八九七年（明治三十）十月十九日《臺灣日日新報》〈再び珈琲に就て〉（再論咖啡）刊露，臺北縣殖產課長大庭永成親至冷水坑庄游其源家中咖啡園採樣，才算日人領臺後首次認真探查臺灣原生咖啡起源之新聞：

> 臺北縣殖產課長大庭，為了蒐集須交給有馬侍從武官的物產，昨日（十八日）到擺接堡一帶出差，順便拜訪冷水坑珈琲園主游其源先生，實地親眼目睹

---

❶〈珈琲及煙草種子ノ外國移入ヲ計畫ス〉，《臺灣史料稿本明治二十八年八月》，一八九五年八月十日。

❷橋口文藏，一八九五年任總督府殖產部長心得，一八九六－一八九八年任臺北縣知事。

❸另一技師橫山壯次郎明治三十一年轉任臺北縣殖產課，時為大庭永成同事，若無親自隨行參與，至少也知道陸續幾次的咖啡採集。後來田代安定南下擔任恆春殖育場主任，臺北育有咖啡樹的苗圃又因暴風雨付諸東流，遂委託橫山氏再次進行原生種咖啡的採集，以供恆春殖育場培育。

❹〈珈琲栽培狀況調查復命書〉為已知有關臺灣咖啡調查最早的官方文書。日本皇室侍從武官有馬良橘在明治三十年九月七日來臺蒐集物產，為求慎重，隨行的人員必然留下正式紀錄，同年十月轉任翻譯官補的山田正通有可能也是隨行人員之一，有關山田正通的職務，在明治三十年四月先任總督府民政局殖產課技手，六月轉任殖產課通譯生，十月轉任殖產課通譯官補；明治三十一年以後又轉任臺南縣殖產課屬職員。大庭永成在十月十八日趕在有馬侍從武官十月十九日離臺前採集游其源的咖啡樹，十月底山田正通也到同一地點採集咖

珈琲樹發育得非常好，而且珈琲味道甚濃極佳。於是討了珈琲樹，加入參考品的行列。

當時臺北縣知事橋口文藏❷，一方面有創設咖啡樹試育園的構想，另方面，也可藉機蒐集臺北縣的地方物產，供日本皇室參考，遂命臺北縣殖產課課長大庭永成等人前往臺北縣內採集❸，這時才略微得知過去洋行與茶商合作過咖啡栽培事業。此次調查亦引起總督府殖產局的注意，總督府殖產課通譯官補（候補翻譯官）山田正通同年受命在十月二十八日出差到同一地方訪查，事後山田氏留下一篇〈珈琲栽培狀況調查復命書〉❹手稿，此為採集臺北縣冷水坑庄游氏兄弟的咖啡苗圃並述及栽培狀況的正式報告，更是最早第一篇有關臺灣咖啡起源及沿革的官方文獻：

西元一八八九年，冷水坑庄富農游其源，以商務取得大稻埕的茶商德記洋行（楊乾之）的許可，獲得英國人帶來的珈琲種子一包，並且英國人還大略口傳其栽培方法等，回來後，播種於外圍。此外，其弟其祥也在其

◎橋口文藏曾任臺北縣知事時期，為臺灣咖啡原生種的推手。

山地開始進行培養。時至今日，好不容易進入第八年，從前年起開始結實，去年也有少量結實，至本年已獲得良好的結果。

而當時游氏兄弟種植咖啡的狀況，到現場視察的山田氏也有第一手描述：

> 該庄現存的珈琲樹的狀況。在兄其源的苗圃有七株，其屋後有二十株，但僅少數結實；唯獨弟其祥所栽培的山下樹株有七十櫒，而且發育旺盛，高度達八尺乃至丈餘，莖幹圍有八寸，葉色青翠欲滴，結實亦良好，果粒豐美累累，如寶玉之纏綴，結實多者，一把有十五粒。

透過殖產課山田正通的視察報告，總督府除了徵收冷水坑的咖啡樹種，咸信開始試作布種在臺北縣茶葉試驗場，並有後續配發種子

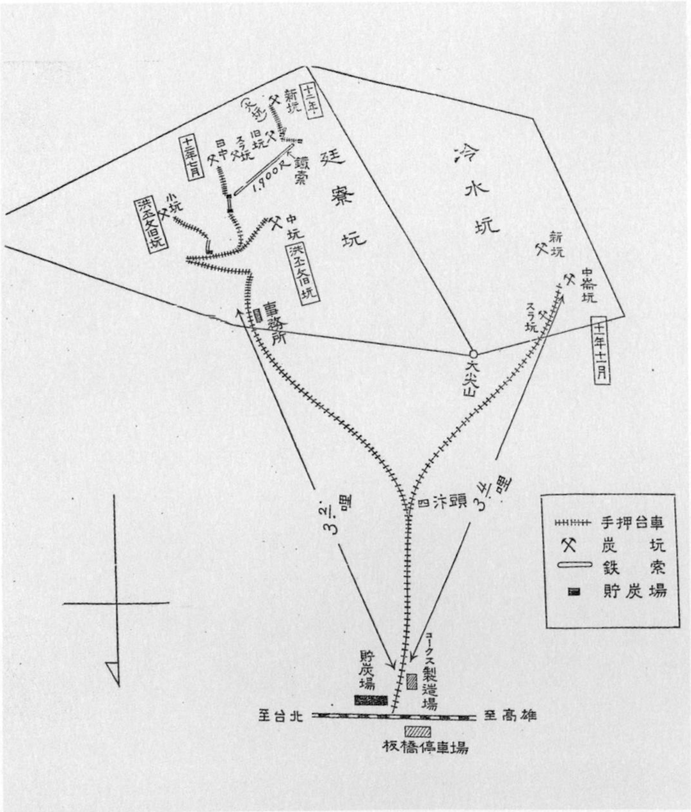

◎冷水坑手押車路線圖。

啡，並留下正式的官方文書。抄錄稿出現在「臺灣史料稿本」（文纂類）乙三十五卷之八（明治三十年十一月八日抄錄）。臺灣總督府檔案網站《總督府公文類纂》留有山田正通完整手稿，典藏號：00000179008。

到南部各縣試種的辦法公布。一八九八年（明治三十一）一月二十九日，民政局殖產課告知臺南縣內務部長，從冷水坑庄游其源咖啡園採集移植而由臺北縣擺接堡湳仔溝庄（今板橋區內）所產的咖啡種子二袋將配發各縣試種，因此包括購自墨西哥的咖啡種子在內，臺南、鳳山、阿猴等地皆從總督府取得種子❺。湳仔溝北臨板橋街、柑林陂庄（今新北市土城區柑林里），柑林陂庄在一八九六年（明治二十九）已設立擺接堡製茶試驗所❻，開始以機械科學方式試驗與研究烏龍茶、紅茶，咖啡最初從游氏兄弟處取得種苗並栽培於茶葉試驗所附近地區是合理的判斷。一九二〇年（大正九）湳仔溝改正為湳子，隸屬於臺北州海山郡板橋庄，後再改制為板橋街，這也是禮密臣的書中談到咖啡時，會出現板橋地名的原因❼。

◎海山郡以植茶聞名，圖為日治時期山區所見之茶園。

❺明治三十一年，臺南、打狗鳳山新園街與大湖、阿猴東港與恆春石門等地皆試作咖啡。明治三十一年臺南縣公文類纂永久保存第一五九卷，〈烟草珈琲木藍試作成蹟報告ノ件（元臺南縣）〉。

❻〈製茶試驗場ヲ設置ス〉，臺灣史料稿本明治二十九年四月二十四日。擺接堡茶葉試驗所即設立於此時。

❼〈珈琲種子配附ノ件（元臺南縣）〉，冊號：9801，明治三十一年臺南縣公文類纂永久保存第一五八卷。典藏號：00009801010。民政局殖產課的手稿中地點的辨識上很像「學」仔溝庄，不過擺接堡並無學仔溝庄，應是湳仔溝庄。

◎新莊茶葉傳習所。

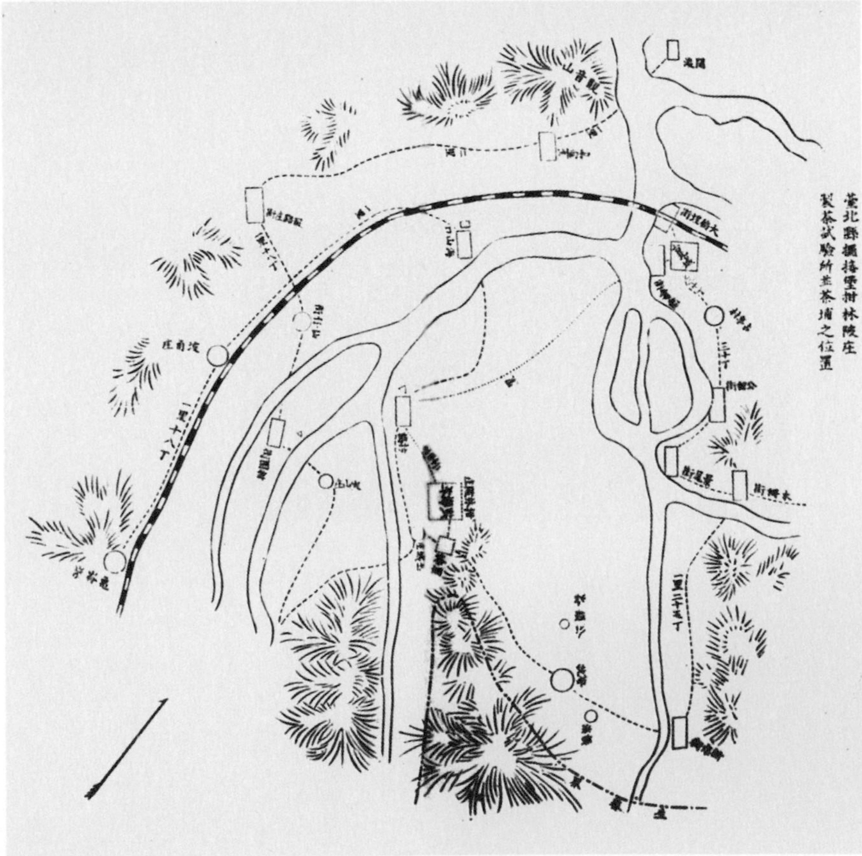

◎擺接堡製茶試驗所地圖。

臺灣能栽種咖啡的新聞，也引起某些人的興趣，一九〇二年（明治三十五）二月五日〈珈琲栽培の調查〉一文，記者繼續報導了總督府民政局殖產部職員田代技師❽與技術員木原直態，再次至擺接堡冷水坑庄調查咖啡栽培的情況，年底田代氏任恆春熱帶殖育場主任，可以說這次採集行程與殖育場的創設有直接關係，但此時，咖啡採樣的對象

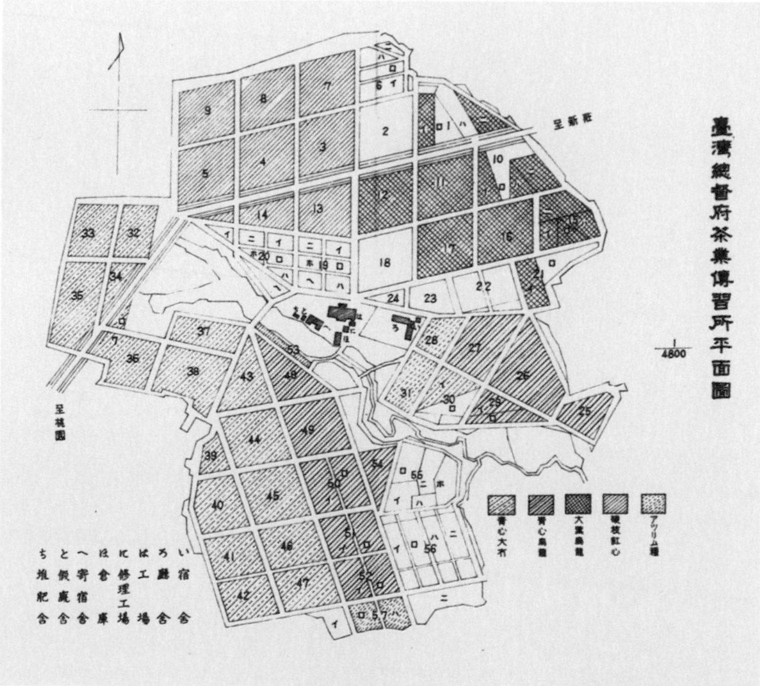

◎新莊茶葉傳習所平面圖，一九三九年。

❽田代安定採集對象的新聞與後來他在殖育場的追記有所差異，可能是因為多次採集的時間點不同，或者游氏兄弟的咖啡園有重疊處。其中，移植後栽培在大龍峒苗圃的咖啡苗因暴風雨摧毀，後來再次的採集對象為官方徵收的游其源咖啡園而非擁有較多咖啡樹的游其祥，也是原因之一。

已經轉至游其祥的咖啡園，或許和游其源的咖啡樹生產質量不佳有關：

> 游其祥最初嘗試珈琲的栽培是在光緒十五年左右（距今明治三十五年的十三年以前），大稻埕茶商楊某投下資金五千圓，開拓生番界，企圖大力栽培珈琲。（游其祥）幸運分配到種子，由於試驗播種的冷水坑庄，背負四面山，整個呈半傾斜，看起來極其適合珈琲的培養，於是珈琲樹就相隔十尺，乃至十五尺地散栽在約兩百步的相思樹林間。❾

這則報導一開始隱晦的帶出游其祥種咖啡的時間以及從「大稻埕茶商楊某」取得種子的信息，「茶商楊某」與山田正通若有謀合，即是後來田代安定提及的三角湧茶商楊乾之，曾把咖啡種子交給弟弟楊紹明於山區播種。

茶郊永和興是臺灣最早茶商公會，一八九七年永和興會員名簿中可見記載舊和記李春生，另有外商英商和記、英商德記、泰平公司、英商嘉士與英商良德等洋行。一八九八年茶郊永和興改組為臺北茶商公會，改組後會員即見德記洋行代表人楊乾之姓名，地址位在港邊街第壹番戶，楊乾之與德記洋行的關係已是毫無疑

◎士紳李春生。

問❿。一九〇二年四月十九日一則新聞報導楊乾之為「命案牽連」人⓫，算是楊乾之大名首次上報，只不過並非商場情況，此楊乾之是否就是與咖啡種植有關之人，仍未明朗，但從字裡行間，各洋行與廣東幫不避諱替他求情保釋，大抵可知楊氏在洋行及廣東商人之間是有頭有臉的人，或至少有生意的往來。

經過幾日調查，逮捕歸案的殺人犯為楊乾之的姻親李清風，與楊氏熟識的一粵人有兩次唾面之辱並引發殺機，楊氏因而受到牽連。浮出新聞檯面的楊乾之，新聞披露此時已可確認身為德記洋行茶葉買辦，並承接德記洋行的茶葉包裝業務。

楊乾之對菸草生產亦有極大興趣，一九〇三年（明治三十六）結合日本人、臺灣人與外商的太甲商會就曾積極介入菸草生產。是年底，茶商公會決議參加美國聖路易博覽會設置臺灣喫茶店，楊乾之也出現在增額的選舉委員名單中。一九一〇年（明治四十三）八月茶商公會幹部改選，楊乾之擔任工會幹事長，有意爭取會長一職，十月改選也順利當選。直到一九一二年（大正元）幾年間，楊乾之在茶商公會都擔任要職；一九一五年（大正四）茶業公會改選時，到此，名單中德記洋行才未見楊乾之姓名，應與楊乾之已自立門戶經營太美號有關。

會有楊乾之播種咖啡的記載並不意外，楊氏原任職的德記洋行原是咖啡移植臺灣的先行者，冷水坑一地茶商游氏兄弟，會與同業楊乾之往來也算常態，德記洋行透過買辦購入臺北盆地收成的茶葉，再藉由買辦之手把咖啡種子擴散出去可說合情

---

❾ 田代氏認為游氏兄弟的咖啡種子是從茶商楊氏處取得，與記者山田正通的〈珈琲栽培狀況調查復命書〉指出皆一致，但與後來澤田兼吉從咖啡樹羅病起源論的判斷又有不同。

❿ 同前〈楔子〉註❶，〈永和興會員名簿〉紀錄。

⓫ 〈在外候訊〉，《臺灣日日新報》漢文版，一九〇二年四月十九日。

合理。以至於，起初的口訪報導、調查書或田代安定後來著述的殖育場誌才會認為楊乾之是最早把咖啡種子交給包括游氏兄弟在內的其他茶商種植之人。

雖然游其祥遺留的咖啡樹結果情形較好，但隨興「有機」的種植方式也令訪者搖頭，其栽培方式經山田正通的觀察如下：

> 游其祥播種後竟然幾乎完全放任，根本不講求方法，致使當初播種的一千五百株以上的珈琲樹，後來大都枯損，到今日也不過僅存七、八十株。咖啡樹大都枯毀荒廢，究其原因乃游其祥所進行的栽培方法太過於隨興，只是將種子播種在堆起的砂土上。播種後完全沒有修整，也沒有下過一點點的肥料，幾乎棄之不顧，以至於田代安定採集時，園地荒廢，只剩下七、八十株的咖啡殘樹。

博物學家的咖啡培育報告

一九〇二年當時，民政局殖產課技師田代安定已銜命創設經營恆春殖育場（同年二月的報導中曾指出田代安定到過游其祥的咖啡園），然而到了田代氏從殖育場退職以後憑經歷記憶，在一九一一年（明治四十四）出版的殖育場報告第二輯中，

⓬ 前說田代安定曾有不同時期的採集，明治年三十五年這次報導與田代氏自己的說法有出入，有可能是記者籠統的誤寫，或者距相關採集行動已好幾年時間，田代氏也有誤記的可能，又或者游氏兄弟共同經營家族事業，一般採集者將游氏兄弟的咖啡樹加總計算，沒有細分擁有者是誰，都造成原生種來源有不同說法。對於採集對象，據當時報導，游其源的苗圃與自宅後園加總起來不超過三十株，而有百餘株咖啡樹的應是加上游其祥園內約七、八十株才有的數目。

⓭ 同上註。

⓮ 明治三十三年十月三十日，總督府民政部在臺北龍匣口庄開設苗圃，此即圓山公園後苗圃。

除了重中最初咖啡移植濫觴之情形，令人比較困擾的是關於採集原生咖啡一事，反而與昔日的新聞相左，原採樣自游其祥的咖啡殘樹之報導，追記時卻換成了游其源的咖啡苗⓬，而最早的種子來源也變成模糊的「英籍人士」：

偶然得知在文山堡冷水坑庄之茶商游其源家中，有種植多年之珈琲樹，遂命本官等前往調查。經過現場探勘的結果，果然發現在游其源宅後側，靠近山中茶園一角，植有約百餘株的珈琲樹⓭，其幹圍根回約五六寸，高度約一丈餘，園內光景稍顯荒廢，有些植株傾倒在地，有些則生育甚為繁茂，結實纍纍。向園主詢問其地栽培之起源，得知距離當時明治二十八年約十餘年前，有某英籍人士提供珈琲樹之種子，並鼓勵其進行栽培……後來游其源園中之珈琲苗，遂為官方所徵收，供作種苗，栽植於臺北大龍峒陸軍用地內殖產部苗圃，以及圓山公園後側之苗圃⓮，總計培育出七、八千株以上，將近一萬株之珈琲苗，孰料後來卻為暴雨洪水所沖失，竟無餘苗留下。直至數年之後，故橫山技師方由前述之游其源宅

◎圓山劍潭寺。

內，重新採收種子，持往臺北農事試驗場播植，於苗木培育期間，適逢恆春熱帶植物殖育場創立，遂寄贈該場兩百餘株珈琲苗，此即為恆春殖育場最早之母株。

這次的踏查雖然取得臺灣在來種咖啡種苗，且述及種苗傳入的大約時間（約一八八〇年代）。不過，時而來自游其源，時而出於游其祥，最主要原因應是游氏兄弟家族茶葉事業經營的重疊，也讓在來種咖啡種苗的來源留下模糊地帶⑮。至於恆春殖育場的咖啡樣本，據田代氏所記，後來殖產局的橫山壯次郎⑯再次到游其源宅第採集種苗，雖然游其源的咖啡園早被徵收，但同時採擷留存較多的游其祥咖啡樹似乎較為合理。但直到昭和初年臺北帝國大學教職員澤田兼吉重啟調查臺灣咖啡本源之前，大部分研究者仍是接受咖啡種苗取得的源頭來自游其源而非游其祥的說法。

追溯原生咖啡的分歧點

不論是一八九七年十月十九日《臺灣日日新報》的報導、同年底山田正通的調查報告書，或是相隔五年後，一九〇二年二月五日〈珈琲栽培の調查〉報導；新聞

⑮ 後續的〈日人治臺後的咖啡事業發展〉章節中，還會就田代安定的相關記載作較詳細的條列整理。

⑯ 橫山壯次郎，一八九六年（明治二十九）十月抵臺任總督府民政局技師；一八九八年轉任臺北縣技師，而同一時期，田代安定擔任總督府殖產課技師；一九〇二年四月以後任總督府殖產局農商課長，同年四月底也是恆春熱帶植物殖育場設立的時間，田代安定則從技師轉任殖育場主任，由於大龍峒與龍匣口的苗圃咖啡樹已被暴風雨沖毀，首任主任田代氏遂透過橫山氏再次採集咖啡樹寄至恆春。以後昭和初期澤田兼吉整理咖啡史料時也提及一部分的脈絡，可參考本書〈澤田兼吉重新調查以及其他相關報告〉章節。

的說法與田代安定等人對來源與時間的記述前後不一，都造成臺灣咖啡來源說法上的分歧。

在臺北的咖啡植育因颱風而毀，過去所採集的成果一夕之間歸零，也促使技師橫山壯次郎重新採集樣本，一部分培植在臺北農業試驗場，並寄贈兩百多株的咖啡苗至恆春殖育場（一九〇二年四月創立）。於是，這段歷史公案與培育咖啡的起點重新開始，又銜接回田代安定在恆春殖育場創立後的記述，不過落差仍在，並沒有解決臺灣咖啡原生種苗出自誰人手中的問題。這也是後人澤田氏掌握了昭和年間臺灣全島咖啡罹患銹斑病大災變，及追蹤其傳布途徑和源頭時，因而改寫前輩調查資料——到底誰才是在來種的原生地之最主要依據，只不過澤田的報告距領臺初期的採集已超過三十年時間，雖然銹斑病的證據確鑿，難道沒有其他更多的事據可以佐證？更何況總督府也曾從外國多方尋求種豆進口。日人領臺後最初幾年的調查與採集工作，始終在游其源、游其祥兩兄弟身上打轉，因此有必要更進一步釐清游氏兄弟的相關背景與咖啡試驗情形。

◎技師橫山壯次郎。

洋行與茶商

田代安定在恆春殖育場的事業報告中亦曾提到茶商李春生與臺灣咖啡的初體驗，以及從游氏兄弟園內採收的咖啡豆，還曾遠渡重洋的送至英國倫敦讓人品嚐之事蹟，已如前述摘錄❶，頗值得一書。

這段記憶並透露了游氏兄弟種植的咖啡獲得西洋人的青睞，時間相當早。或許一開始收成的咖啡豆仍以粗糙的方式加工，仿傳統製茶法直接日曬，將咖啡豆收乾，繼用石臼將硬殼碾碎，再以鍋鼎炒焙、試飲，不過後來買進專門炒製豆子的機器，也算是臺灣進口的第一部營業用新式烘豆機了。

話說連橫《臺灣通史》〈貨殖列傳〉「李春生」條目中有云：

> 先是英人德克以淡水之地宜茶，勸農栽植，教以焙製之法。以是臺北之茶聞內外，春生實輔佐之……春生與富紳林維源合築千秋、建昌二街，略倣西式，

◎大稻埕六館街。

❶田代安定編纂，《恆春熱帶植物殖育場事業報告第一、二輯》（第二輯），臺灣總督府民政部殖產局，一九一一年三月三十一日，頁二〇〇—二〇一。

為民倡，洋商多傚此以民……

「英人德克」即為John Dodd（陶德或德約翰），「春生」則為李春生，唐贊袞《臺陽見聞錄》中所記在山區種加非果的「英商杜西凌」所指如果就是英商John Dodd，李氏早年曾當過寶順洋行陶德的買辦，那麼兩人間的微妙關係不言而明。而陶德未至臺灣經商前，在香港也曾任職德記洋行，一八六四年（同治三）陶德先後在淡水與大稻埕六館街設立寶順洋行，並看準茶葉商機，將福爾摩沙茶帶進國際貿易市場，茶葉生意的成功，有理由將另一種世界性嗜好飲料——咖啡攜入臺灣，將咖啡的世界性觀念直接傳譯給生意上的合作夥伴，均屬人之常情，正如《臺灣通史》所敘三人的往來，茶商李春生與富紳林維源兩人理應最早接觸到陶德的「咖啡福音」，也成為日後咖啡試種相當重要的推手。

富紳林維源早年在撫墾事務上素與官方有緊密交往，林氏除了創辦「建祥商號」經營茶業，另與李春生共設「建昌公司」，合力營造六館街洋樓，亦曾介入巡撫劉

◎大稻埕千秋街。

銘傳北路隘勇線的防守與樟腦拓墾中，其中大嵙崁白脂坪（或合脂坪，今桃園復興鄉角板山附近霞雲坪舊地名）為北路中營與右營的交集點，可以想像，陶德個人透過與李春生、林維源之間的政商關係，再加上與德記洋行的熟識，要將咖啡輸入林氏的山林產業內布種並非難事。只不過以當時的山地形勢，漢人與原住民仍衝突不斷，官方武力也僅只勉強維持表面鎮定，較早已有茶商楊氏兄弟失敗前例，憑藉茶商與茶農之力要想進入拓墾咖啡，其結果不難預料。

茶商李春生早期曾當過寶順洋行陶德之幫辦，經營臺灣北部茶葉產銷，與洋行關係匪淺，陶德身分又有「英商杜西凌」一說，如此也能看出咖啡移植臺灣後，茶商與洋行合縱連橫的這層關係，並顯見在臺漢人的植茶事業成為洋人欲將咖啡帶入臺灣種植的首選合作對象。其中游氏兄弟因茶商與茶農的身分，與咖啡在臺灣的栽培發展更是息息相關。

◎大稻埕製茶廠內撿茶葉作業。

◎運茶火車裝運茶箱準備載運到港口輸出。

◎茶園採茶。

◎從大稻埕河港接駁輸出海外。

游氏兄弟是何方神聖？

一八九七年（明治三十）六月十五日火曜日《臺灣新報》即有〈舉家遭戕〉的一則漢文版新聞，報導了海山堡一地業主黃厚鄉、游其源為首的衝突事件：

> 不謂本月初三夜，六股仔十六寮之前山石楠湖農民許富家中，背（被）兇番一二十人割開竹圍，掘破瓦屋，列械蜂擁而入，將一家男婦老幼十一丁口，又傭工一名共十二人，盡行殺斃，屋亦焚毀，問該家畜有大豬一隻，兇番垂涎已久，求之不得，因有此禍亦未可知。經海山堡三角湧警察官抵地勘驗，目擊心傷，現時該處人民一夕數驚，防禦既無銃械，居住恐被焚殺，眾口紛紛，無非欲舍此他適。業主黃厚鄉、游其源不得不出為安頓，約代稟官，設法保護，庶該地田租茶稅

◎烏龍茶之撿茶作業。

不至，一旦烏有，而於國家惟正供亦不致有所窒礙也。

在業主黃厚鄉和游其源的產業內十六寮（今三峽安坑里）附近山區發生這等大事，難怪業主要代為「稟官設法保護」。直至當年十一月二十一日《臺灣新報》又刊出另一則〈有勇可嘉〉新聞：

> 海山堡成福庄為文山擺接咽喉之地，一帶庄民大都種茶為業，所恃拾六寮、拾七寮垣墉孔固，足以捍禦兇番。而莫厥收居自該寮燬後，番害頻聞，民莫寧處。業主黃德吉、游其源亟即倫資營建，近經落成，耕種者方安心樂業矣。不謂前月二十夜，天尤未曙，人尚在眠，突有兇番三拾餘人來圍，拾七寮張能智家內男女五人，其中張巷、張忠胆最壯，一聞警報翻轉起來，趕將官淮洋銃兩桿提在手上，乘蜂擁進門覷定射去，擊得一番兩鬢俱透，餘番便欲將屍施（拖）回，張巷、張忠又發兩砲，復傷二人，番始畏懼，相率潰散時已黎明。庄眾觀如堵，無不極口交贊，謂張巷、張忠勇力過人也。張巷、張忠因將該番頭顱割下，群向警署屯所守備隊及辦務署稟報情由，均蒙嘉許並欲申請大憲給賞，無非為鼓勵人心也。其屍首聞被番害家屬紛紛宰割，殆盡無他，殺人父兄恨入骨髓，今得食其肉而剝其皮，誰不爭

Formosa Oolong Tea
Quality
Shows Marked Improvement
All shipments of Formosas have passed rigid inspection prior to shipment in accordance with the Formosan Government's fixed policy of steadily raising the standard of quality of Formosa Oolong Teas.
The national advertising to consumers is increasing the demand for Formosa Oolong Tea, and the improved quality is creating consumer satisfaction, thus helping to bring about increased sales.
Secure Larger Sales by Featuring Formosa Oolong Tea

◎外銷海外的烏龍茶廣告。

先恐後哉。

報導中，「漢番」的衝突互有死傷，漢人處置擊斃的來襲者毫不手軟，猶如「以牙還牙、以眼還眼」，報復手段也極其殘虐，食人肉的慣俗更駭人聽聞。當時漢人相當迷信原住民的肉可以增強力氣與膽量，以為「心、肝、腎和腳底是最滋補的地方，大抵是切成碎片，煮成肉湯而吃的」。在一八九一年（光緒十七）間桃園復興鄉大嵙崁山區樟腦侵墾的戰事中，漢人甚至把原住民的肉裝在籃子裡，拿到大嵙崁的市場公開出售。

前述禮密臣的咖啡見聞中，德記洋行曾分讓一部分咖啡種子予游氏兄弟栽培，游氏兄弟可以說是串聯臺灣最早種植咖啡線索的關鍵環扣，也是欲解開此謎題極為重要的一把鑰匙，在日後大庭永成、田代安定或澤田兼吉等人的踏查裡，都指向游氏兄弟——游其祥與游其源，是臺灣咖啡舞臺上最為重要的人物。

首度品評臺灣產咖啡

時間回溯到一八九七年十月，時任臺北縣殖產課長大庭永成等人從擺接堡開始蒐集縣內產物，前一天即有武裝部隊保護，隊伍浩浩蕩蕩前往訪問冷水坑咖啡園主游其源❷，並採集樣本「珈琲（三枝）」送回殖產課。當大業主游其源正苦於境內山林產業的紛擾時，在另一方面，游其祥則逐漸展開臺灣原生咖啡的栽培試驗。過了兩年，一八九九年（明治三十二）七月八日《臺灣日日新報》刊露另一則消息：

〈品評珈琲〉

> 本島產出之珈琲，唯臺北縣管內擺接堡冷水坑游其祥有栽培者，係距今七、八年前某外國人攜來之珈琲種，游受而植之。今回宮崎縣農事試驗所長田中節二郎君評論此珈琲，謂爪哇種或印度種未易判明，飲用之全無香氣，殊深遺憾，緣因收納誤期，乾燥未能得當，比沖繩之珈琲較劣，唯風味稍可耳。

此筆新聞的出現，讓臺灣本島咖啡試驗的疑惑適時取得佐證，游其祥栽培初期所產的咖啡豆曾送至日本評鑑。不過有關游氏兄弟兩人的相關報導，似又留下了耐人尋味的伏筆，冷水坑庄內游氏兄弟，一位是茶商巨擘游其源，一位是製茶家游其祥，雖同時取得咖啡種苗，並布施於自家的田園內，卻令臺灣種咖啡走上不同命運之路。

首次嘗試栽種咖啡的游其祥出師不利，雖以為咖啡與其他特用植物的栽培法大同小異，但結成的咖啡果實卻不知如何處理，一來連品種都分不清，二來「收納誤期、乾燥未能得當」，以至於送抵日本鑑賞風味後，落得比沖繩種的咖啡還差的品評。可能也因此讓游其祥對咖啡不再抱有任何遐想，以致讓咖啡園一度荒廢，田代

❷ 昭和六年重啟考查的澤田兼吉則懷疑採集的對象為游其祥。

◎ 東京勸業博覽會臺灣館喫茶店，一九〇七年。

安定於一九〇二年（明治三十五）二月前往調查時，已僅餘七、八十株。製茶家游其祥在咖啡摸索之路上跌了一跤，但難得的是，報導反而留下了珍貴的咖啡品評紀錄。雖說這次的挫敗似乎讓游其祥一度放棄咖啡夢，但不知何故，游其祥日後反而圖強精進，進而改以咖啡參展一九〇七年（明治四十）的東京勸業博覽會，更最終在一九一〇年（明治四十三）的「關西府縣聯合共進會博覽會」榮登臺灣物產第四等賞，不過這已是後話了。

走筆至此，游氏兄弟取得咖啡種苗的故事或可加添若干想像情節——最初約在一八七〇年至一八七二年（同治九—十一），日人一度以為的咖啡種輸入者布魯斯，相繼在淡水及大稻埕設立德記洋行；一八八五年（光緒十一）清法戰役後，德記洋行經理馬夏爾（F. B. Marshall）輸入咖啡種子，並挹注資金以及提供咖啡種子勸誘往來的茶商或茶農（如楊乾之），乃至於洋商同業陶德利用茶商的政商關係深入白腦坪布種，於是咖啡在淡水廳內三角湧（三峽）等山地展開耕植，但山區情勢乖張，不論官方或民間的撫墾經營皆不順利，尤其一八九一年以後北部山區未曾平靜，開墾的漢人一方、林維源的民兵、清官兵，與原住民間每個月幾乎都有戰役發生。也因此，是年德記洋行不得不把咖啡帶進北部淺山地帶如冷水坑、汐止、大溪等地開枝散葉，其中冷水坑一地咖啡的種植者即是游氏兄弟了。

◎關西聯合共進會臺灣館喫茶店，一九一〇年。

萬國博覽會展示臺灣

一八九五年（明治二十八）臺灣成為日本殖民地後，也被迫成為展示日本國家興盛的一員，並首次以「臺灣館」主題參加世界性博覽會。一九○○年（明治三十三）法國舉辦「巴黎萬國博覽會」，日本急於炫耀新興的殖民地——臺灣，也籌畫了專門介紹臺灣產物的「臺灣館」，臺灣於是搭上萬國博覽列車急乘而去。也因為臺灣館「異國情調」的地域色彩以及罕見的熱帶島嶼天然資源與物產，更因此成為往後日本參展國內外不可或缺的特色館。尤其在臺灣館內設置的喫茶店，臺灣出品的烏龍茶、綠茶、包種茶等茶品，加上纏小腳的年輕女侍，更是絕佳的風俗宣傳樣板，喫茶店也成為茶葉交易與國際交際的重要場所與空間。

巴黎萬國博覽會參展成功後，讓臺灣總督府更具信心，一九○三年（明治三十六）日本國內開辦的「第五

◎巴黎萬國博覽會時期之巴黎鐵塔，一九○○年。

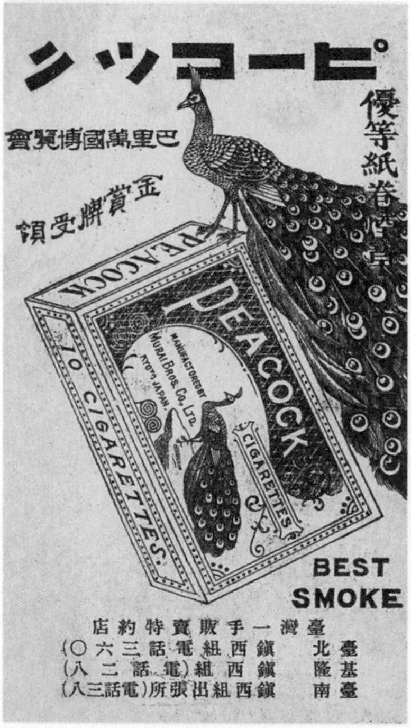

◎巴黎萬國博覽會參展品文宣。

回內國勸業博覽會」，總督府亦積極籌畫臺灣館的參展事宜，而臺灣館籌設委員們的背景也大多離不開熱帶植物相關事業，如「共同賣店」相談役（顧問）、喫茶店顧問大庭永成；「臺灣總督府博覽會委員會職員」橫山壯次郎、田代安定等人。喫茶店委員則有臺北茶商公會會長陳瑞星，監察郭春秧等人。此次臺灣的物產出品，茶、糖、樟腦仍占重要地位，臺北茶商公會在臺灣館內設置的喫茶店、茶亭、遊園地等設施一如預料皆大受歡迎。

一九〇三年七月一日，日本御名代伏見宮貞愛親王親臨博覽會會場觀遊，值得注意的是，當日並舉行第五回內國勸業博覽會褒賞授予式，會場選出傑出的臺灣產物製品與受獎人共獲得名譽銀牌一名、一等賞牌四名、二等賞牌十九名、三等賞牌一一七名、賞狀六三六名。名譽銀牌由臺北廳瑞記號茶商陳瑞星之再製烏龍茶榮獲，較為特別的則是在選出的四位一等賞牌中，臺北廳游其祥名列其中，以再製烏龍茶獲獎，而十九位二等賞牌中，臺北廳游其源則以烏龍茶獲獎（但其實六月時，

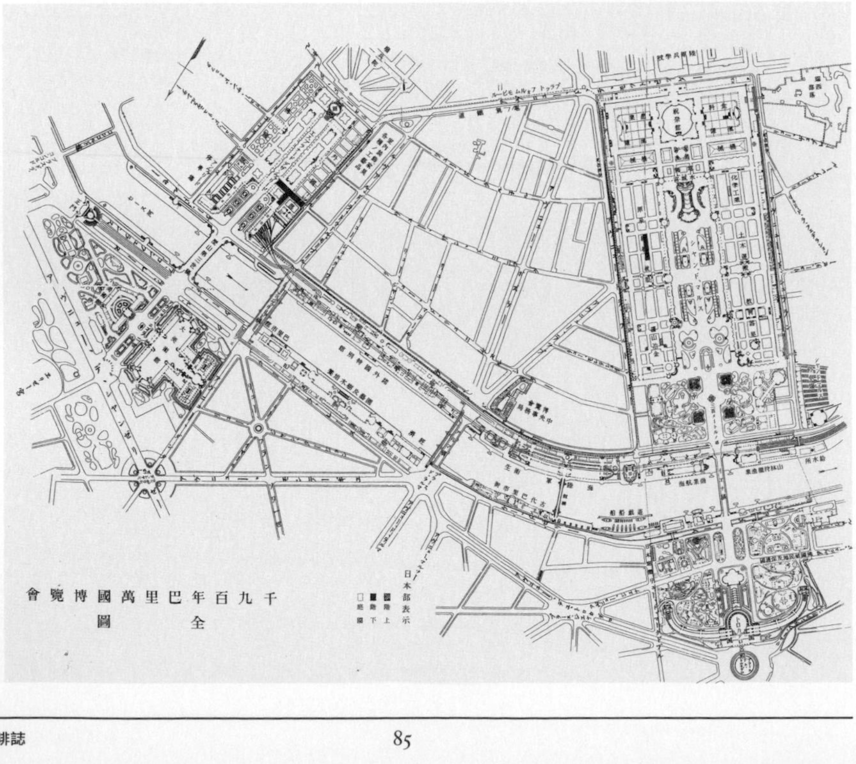

◎巴黎萬國博覽會會場地圖，一九〇〇年。

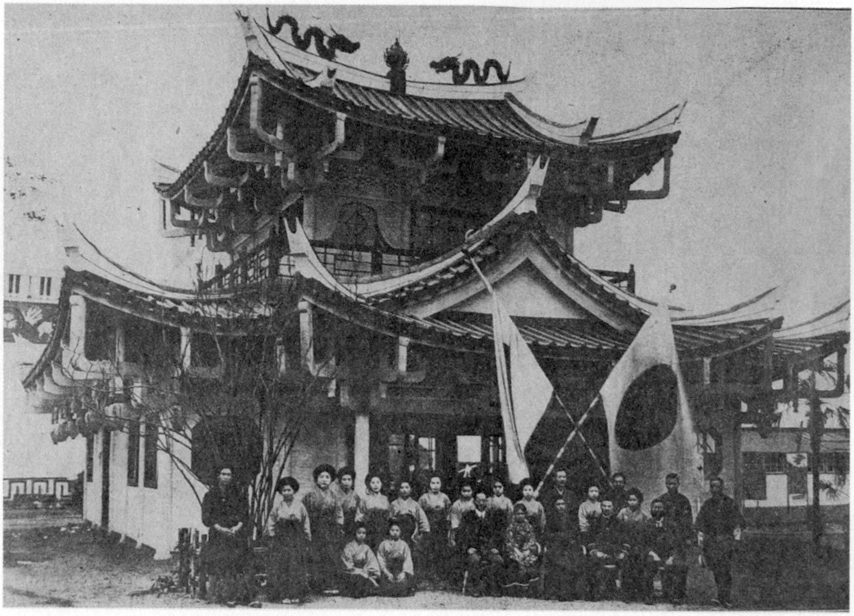

◎第五回內國勸業博覽會臺灣館喫茶店與賣店優待所。

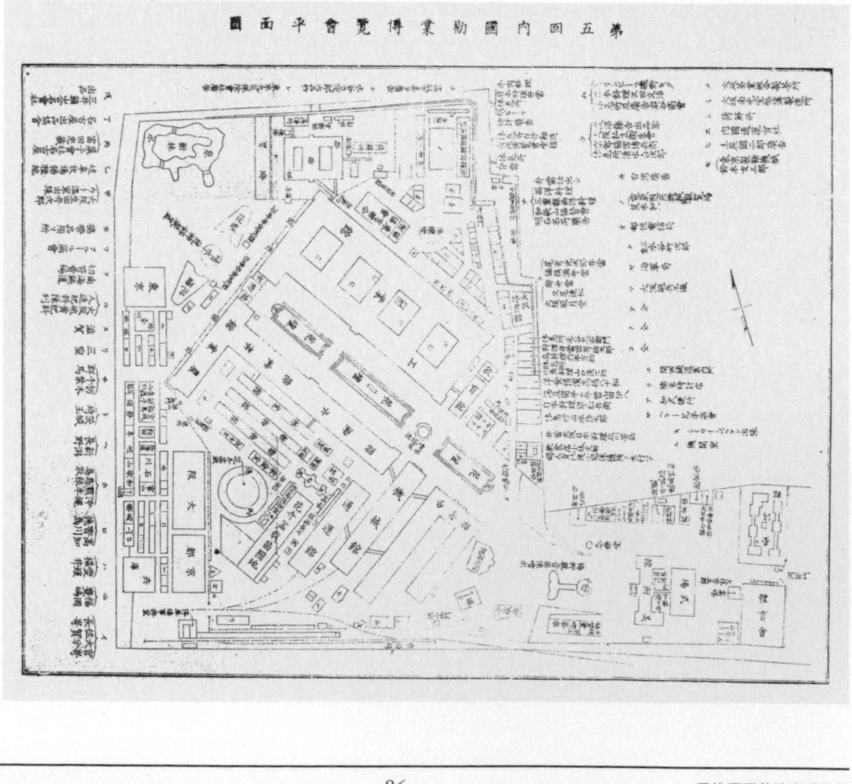

◎第五回內國勸業博覽會會場平面圖，一九〇三年。

已見游其源過世的訃聞）。

游氏兄弟兩人因為此回博覽會首次成為受日本帝國矚目的焦點（與咖啡種植相關居汐止之李萬居的烏龍茶在此次展覽中也同獲二等賞牌）。在此次博覽會中，臺灣館籌備委員橫山壯次郎、田代安定以及大庭永成等人，與臺灣原生咖啡的發現與種植都有間接或直接的關係，而且游氏兄弟茶葉參展品更獲得一等賞與二等賞的榮譽，加上兩兄弟在臺灣與德記洋行的茶葉生意往來，有了這幾層關係，其身分不管是茶農或茶商，應該都不難取得咖啡種子進行栽培，進一步在茶區試驗咖啡並推向世界舞臺可說水到渠成。

臺灣產咖啡參展博覽會

一九〇三年第五回勸業博覽會中，臺灣館所見的巨大效益，也讓臺灣總督府打鐵趁熱，繼續參加日本開辦的各類博覽會。一九〇七年「東京勸業博覽會」熱烈開催，臺灣總督府仍舊在會場內設置臺灣館，有關臺灣茶的陳列場建築為方形茶棚，裡面可見烏龍茶、包種茶、紅茶、綠茶、茶粉、珈琲實（咖啡豆）、仙草等，在《臺

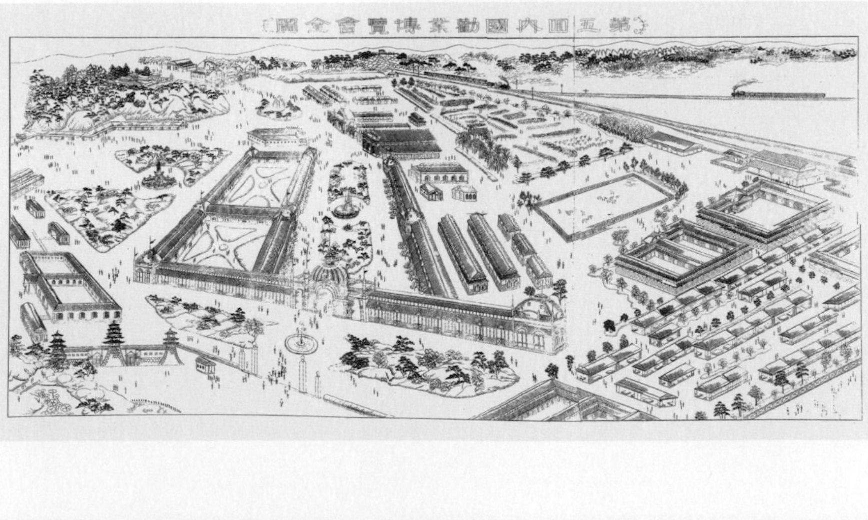

◎第五回內國勸業博覽會會場鳥瞰圖。

灣日日新報》有關報導中，即列出詳細的展品清單，除了琳琅滿目的臺灣物產外，其中記有「珈琲二點」，「二點」即展示兩種品項，或者是因為咖啡對當時臺灣的民眾而言，是較為新鮮時髦的產物，所以文末也對當時咖啡的出品資料寫下一筆：「有記其珈琲者。此係深坑廳清水坑庄所製之產也。」這則新聞首次對博覽會上臺灣產咖啡做出簡短註解，表示臺灣產咖啡豆仍以冷水坑庄為首。

緊接其後的博覽會，計有一九一〇年舉行的「關西府縣聯合共進會博覽會」，臺灣館出品物一覽中列有「珈琲／點數／三點」，為恆春熱帶植物殖育場展出小笠原產、ハワイ（夏威夷產）、臺灣在來等三種品種的咖啡，一般出品物中則列有「珈琲／點數／二點」。其中有一事最值得注目，乃關西共進會的這一回展出評選中，「受賞者人名表」第四等賞獲獎人裡頭竟能得見「珈琲／臺北廳／游其祥」，此年，臺灣產咖啡於會場飄香，種植者游其祥終於在島外日本榮獲評賞出頭天（汐止李萬居仍以烏龍茶獲獎列名第一等賞）。隔年，日本大阪天王寺公園內開辦「第三回內國製產博覽會」，臺灣的物產出品邀請名單中，「珈琲」已是不可或缺的展覽陳列品了。

臺灣產咖啡的終止

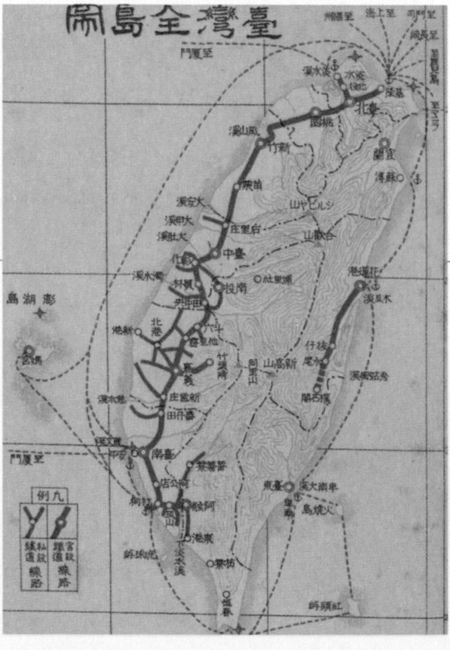

◎臺灣勸業共進會紀念臺灣要覽之臺灣全島圖。

當臺灣產咖啡在日本嶄露頭角之際，為何咖啡栽培事業卻如流星隕落般消逝？可以說與咖啡種植先鋒游其源、游其祥先後去世大有關係。

一九〇二年十一月七日，《臺灣日日新報》一三五五號漢文版「雜事」載〈失一巨商〉全文如下：

游其源別號柔莛，居擺接之橋頭庄。廿年前擺接始植茶，游其源乃倡其先，源謂將來茶業必盛，嘗典田建置茶山，一植百餘萬，茶商中可稱巨擘，後果以茶興家，財產約可十萬計。跡其為人，義氣和平又能好行義舉，官民咸仰其名。因邇來茶價屢敗，用度愈多，所入不供，所出暗自憂煩，遂成癆病。幸今裝茶獲利，頗覺心安，但一切家務必親自料理，是以素憊其精神，於去廿八日竟至化鶴西歸，鄰朋戚友咸為之太息不置焉。

一九〇三年，游氏兄弟分別以再製烏龍茶與烏龍茶聯手參展日本的第五回勸業博覽會，並獲得佳績，但如新聞報導，其實早於前一年年底，游其源實已病故。臺灣原生咖啡這條路上最大的轉捩點，應是植茶巨商游其源的過世。游氏兄弟家族未來原生咖啡的栽培脈絡只得落於游其祥一人身上。

擺接堡之土城大墓公與板橋大觀義學

除了茶商的身分，從各種史料跡象顯示，游氏兄弟參與地方事務也不遺餘力。

土城大墓公又稱「義塚公」，據一七八九年（乾隆五十四）間《陂塘義塚公沿革》碑文載，原擺接堡內分有十三庄，在陂塘庄內有一大墓，俗稱大墓公，亦稱為義塚公。興設的原因「係遭林爽文之禍而葬難民之遺骸耳」，後為防番害經業主板橋林成祖之後代林清和集會協議，將林厝科、大樹科、陂寮科、石壁寮坑（今土城區內）分為四坑，設立隘寮，坑內佃首、隘丁納租，合計三十二石，成為大墓公的公業基石，以後並陸續購入周邊田地，至於清咸豐年間，漳泉械鬥再起，於是在此地四方築起土垣，庄民也因此逐漸移入，一戶繳納銀元一兩，除一般事務費外，日後多餘的經費遂捐作大墓公的管理基金。一九三八年（昭和十三）十二月十九日，大墓公管理者板橋庄林清山「遵諾字據及採問耆老」，記下了大墓公建功立業的由來，手抄《祭祀公業埤塘大墓公沿革》一冊，其中〈添附〉一文，關係著大墓公歷代董事和管理者，及其後代子孫氏名，在一八九二年（光緒十八）第八項一筆中，名列其中者恰有「游其祥（子游好焚）」。除了手抄記錄，大墓公墓也曾立碑書功：

◎大稻埕建昌街林本源博愛醫院。

昭和十三年十二月十九日舉行一百五十年祭。關于義塚之功勞者，創始至今，功績卓著，特立此碑。

「承先人之貽謀，啟後代行例祭。」

歷代董事：林維祥、賴建春、黃興火、林士開、江超、林文振、林國富、林輝亮、林松雲、呂疇、廖大年、游其祥、邱傳維、黃三興、林銀粟、黃義我、林文雅、劉福祥、江大崑、王媽順、廖貴登。

一八八四年（光緒十）八月，由業主板橋林家「本源課館」公約的一紙古文書，詳盡羅列擺接堡街庄負責團練士勇的各結首，游其源也身在其中。團練制起於康熙末年朱一貴事件後，藍鼎元代總兵藍廷珍上書浙閩總督有關善後對策，曾謂「團練鄉兵，亦是靖盜一法」，並認為當今「宜急訓練鄉壯，聯絡村社，以補兵防之所不周，家家戶戶，無事皆農，有事皆兵，使盜賊無容身之地……」。一八八四年清、法在越南戰事發生後，福建巡撫劉銘傳奏請以板橋林維源為全臺團練大臣，另訂〈全臺團練章程〉，團練組織的經費來源，

◎林本源別墅。

皆由住民捐貲，所謂「富者出資，貧者出力」，若憑茶業巨商游其源素與林家有所來往，擔任團練結首可說名正言順。

若時間再往前推斷，板橋林家林維讓、林維源首倡捐貲設立義學，大觀書社擴興成大觀義學，學舍就位在板橋東北隅林家花園旁，一八七三年（同治十二）中春，「大觀義學碑記」暨「義學捐貲名氏」碑石銘刻，當中也記錄與林家有交往的游其源捐出銀元拾陸元：

> ……邱四毓、沈陳成、游其源、林文德、林長源、羅士然、胡朝陣（胡朝旺、林士鑾、陳六合、江益煌、游協榮、羅太和、林繼瑞，以上各捐拾陸元。

柳暗花明又一村，冥冥之中游氏兄弟的線索，藉由碑碣或手抄文之手，穿越時空又回到了現代舞臺。

在今新北市土城區清水路的游其源祖厝，後代子嗣仍留藏《游氏族譜直系卷》（民國六十九年六月）未公開之手抄本，內載游家渡臺祖（游）典染，子嗣民井（大房橋頭祖）、民溺（二房）、民湖（湖仔溝祖），民井橋頭祖子嗣（游）其源，庄人俗稱「柔韮頭」（這也應證了游其源又被稱呼為游阿韮的由來），是當時游氏一族的大頭家，據子孫所聞，田產從清水坑橋頭一帶，過茶山（大尖山）、安坑山（新店）數百甲，其他諸如外港、龍潭、大崙等地則數十甲，從土城走到新店都是自家

◎板橋林家花園一景。

❸二〇〇五年於土城冷水坑探訪時巧遇游其源家族後代，幸得親睹並手抄游氏祖譜，也才能得知游其源確有「阿韮頭」的稱謂。據居住其地的族人說，祖厝也曾經借予中影電影《國父傳》做為拍片場景。

茶山，彼時號稱千人茶工，採茶期間每日用餐需吃掉二十石米，每年農曆七月也會回到大墓公殺豬公，可見游其源家族在當地曾經顯赫一時。無奈咖啡試種之時，事業正值鼎盛的游家頭家驟然溘逝，或許因此中斷了咖啡試驗。

一張近代出土的產業買賣古契約中，多少透露了游其源子孫後輩的消息，而世事多變難料，亦令人不勝唏噓：

> 杜買盡根契約字人游好清有土地參段址在文山堡安坑庄土名四城其四至境界該第壹段東至廖家田毗連西至廖家田毗南至自己山圳北至溪底各為界其第貳段東至溪西至崁南至崁北至溪各為界其第參段田連小山埔其它至東至溪西至崁及橫竹南至溪北至溪各為界該參段界內併配荒麗餘……

游家在輝煌時期秉持「士而志文維國典　民其好禮振家聲　槐庭啟運千秋茂　立雪嗣徽萬古榮」祖訓，游其源取其「好」字，遺有（游）好清、好感、好謀三位子嗣，並記游其源一八三九年（道光十九）生❸。

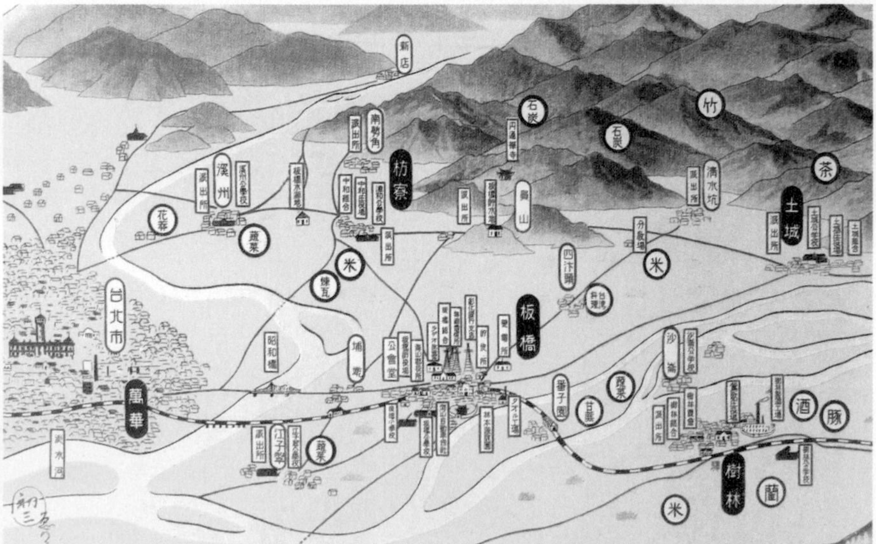

◎「海山大觀」鳥瞰地圖中之清水坑（原冷水坑一地）。

茶商雙雙殞落

茶業巨商游其源因製茶事業的起落而焚憂，操勞成疾，不幸於一九〇二年十月二十八日病逝，過去他在擺接山區植茶百餘萬，經營得有聲有色，其影響力可說後無能及，可惜晚年做茶生意不如從前，咖啡或曾燃起了他另一次的希望，又也許身染重症的他，對咖啡已不再是心頭懸掛的重要之事，但無論如何，游其源終究在擺接地區留下了最先倡導種茶之美名。

此外游其祥一族，據一九三〇年代日人澤田兼吉重啟調查臺灣咖啡，在尋訪的過程裡，知悉另一位早先種植咖啡的游其祥氏過世後，田產已過繼給七個子嗣，其中由五男游過房繼承的咖啡田遭全數砍伐，次子游好雲宅地雖留有少許樹苗，也已看不出游家子弟對咖啡有任何企圖。換言之，一九一〇年的「關西府縣聯合共進會博覽會」，已是游其祥所植咖啡最後的公開展覽舞臺。

會有如此斷言，或許可從一九〇九年（明治四十二）十二月二十六日（二十四日發）《漢文臺灣日日新報》「擺接通訊」欄，也有游其祥〈善行可嘉〉訃文報導中看得清楚：

擺接清水坑庄。游其祥氏。以農業起家。植茶數十萬。與從兄游其源。均稱為茶商中巨擘。其生平品行。以方正聞。善能嚴束子弟傭工。凡有揀茶婦女。無敢混雜。作出無恥之端。洵於風俗上有裨益。更可羨者。素知大義。無論大小公益。皆能力任不辭是以當軸者。愛而重之。因舉他為該庄保正。事事便民為主。罔有間言。今春土城設置分校。又任學務委員之職。不少效勞。有此數善。宜其舉之以風世焉。一旦無疾而終。聞者為之悼惋。榮蒙學務主任。代理臺北廳長往視。以及枋橋公學校長。土城分校王訓導。各率數十生徒。並有支廳長警部補。巡查等。一同會葬。然非協望於官民。安能有此光耀哉。

原來，游其祥實乃游其源的堂弟，除與從兄游其源同具植茶數十萬的大茶商身分（也是咖啡苗採集自何處以及如此糾葛的原因），游其祥晚年更身兼冷水坑庄保正以及枋橋公學校土城分校的學務委員，可謂門楣光耀。然而，曾經試種咖啡於冷水坑的事蹟、遠渡重洋參展博覽會的功勳，或在咖啡園圃中親手栽培扶植的那些咖啡樹，而今安在哉？一九一〇年「關西府縣聯合共進會博覽會」舉辦前，游其祥以自家種咖啡豆參展，但其實送展後還未開展前，游其祥已於前一年底仙逝，隔年展覽後，雖榮獲第四等佳賞，也成為游家咖啡最後一次的公開亮相，且以後均不見其自家咖啡豆的消息，那次的博覽會終成為游其祥自產咖啡豆的最後登臺競取名聲的所在了。

◎冷水坑，臺灣初期咖啡栽培地。

臺灣咖啡栽培史出版成績一覽

雖然禮密臣以記者之姿約略寫下咖啡種苗傳入的時間與路徑，但由於咖啡非其著墨重點，可以獲知的情況也有限，待日人治臺五十年，除了報紙的追蹤報導之外，所遺留的咖啡相關重點研究，如明治末期田代安定編撰《恆春熱帶植物殖育場事業報告》「珈琲木」單元中〈珈琲木移植試驗報文〉❹，臺灣雜誌社〈臺灣に於ける珈琲の前途〉刊載❺；山田金治撰〈領臺前に於ける本島の珈琲栽培〉❻；《臺灣農事報》雜錄〈臺灣咖啡の栽培史ご其の成績〉❼；三宅清水之〈臺南州下に於ける珈琲栽培狀況〉❽；澤田兼吉之〈臺灣に於ける珈琲栽培歷史〉❾；臺灣總督府殖產局出版《熱帶產業調查會調查書——珈琲》❿；櫻井芳次郎對東部的調查《東部臺灣開發研究——珈琲》⓫；三好晴氣著《臺灣ノ特用作物》⓬等紀錄，臺灣咖啡歷史才有較為完整的輪廓。游氏兄弟的貢獻在報紙報導與先輩採集的過程中，除了奠定兩兄弟在臺灣咖啡歷史之地位，也帶給日人當時對臺灣引進咖啡的時間，大致推斷為一八八四年至一八八五年間（光緒十—十一），可惜卻忽略了更早的丁日昌之撫番政策⓭。

當時洋行將咖啡傳入臺灣後，或許如意算盤打的是先少量移植試種，況且既是試種，何必將雞蛋放在同一個籃子，三峽楊氏或冷水坑游氏，不必然是唯一管道，

---

❹ 田代安定編纂，《恆春熱帶植物殖育場事業報告第一、二輯》，一九一一年三月三十一日。

❺ 臺灣雜誌社，〈臺灣に於ける珈琲の前途〉，一九一一年十一月十日。

❻ 山田金治，〈領臺前に於ける本島の珈琲栽培〉，《熱帶園藝》，第一卷第一號，一九三七年一月二十七日。

❼ 中央研究所林業部，〈臺灣咖啡の栽培史ご其の成績〉，《臺灣農事報》，第二六〇號（第二十二卷第八號），一九二八年八月。

❽ 三宅清水，〈臺南州下に於ける珈琲栽培狀況〉，《熱帶園藝》，第三卷第一—四號，一九三三年。

❾ 澤田兼吉，〈臺灣に於ける珈琲栽培歷史〉，《臺灣農事報》，第三二一號（第二十九卷第八號），一九三三年八月。一九三一年（昭和六）調查、一九三三年刊出，一九三五年重刊。

❿ 臺灣總督府殖產局農務課，《熱帶產業調查會調查書——珈琲》，一九三五年九月。

⓫ 櫻井芳次郎，《東部臺灣開發研究——珈琲》，臺灣總督府殖產局，一九二九年六月三十日。

⓬ 三好晴氣，《臺灣ノ特用作物》，一九三九年十二月五日。

有生意往來的各界茶商，只要有興趣，洋行沒有拒絕理由。再者，更進一步合理的推測則是流行性銹斑病已影響並摧毀了英商在錫蘭島（今斯里蘭卡）及東南亞的咖啡事業，臺灣茶鄉做為外商的供應地，緯度與氣候皆宜，順理成章也就成為咖啡試驗地之一，怎奈臺灣的局勢變化太大[14]，加上茶商對咖啡仍一無所悉，洋行有意將咖啡移植臺灣的嘗試終究無疾而終。

一九二八年（昭和三）八月，〈臺灣咖啡の栽培史ご其の成績〉提出的看法仍不出田代氏的範疇，認為一八八四年，與大稻埕德記洋行相關之英國人，從馬尼拉輸入種苗，種植於三峽，是臺灣咖啡栽植的開始。之後文山郡冷水坑以及汐止附近也開始栽培，一時有相當的產量，但其後又呈全面停止狀態。

一九三三年（昭和八），臺灣總督府殖產

◎原本種植大量咖啡的錫蘭，因為銹斑病侵襲，致使改為種茶，圖為錫蘭島上的茶園。

局技師澤田兼吉重新普查臺灣咖啡的來源，完成臺灣咖啡栽培歷史的考察之後修正了田代安定的說法，根據澤田氏回到現場的勘查，德記洋行的商人在光緒十一年（非光緒十年）將咖啡種子（非樹苗）帶給了茶葉商陳深埤（非楊紹明），德記洋行的經理馬夏爾以種子與資金鼓勵茶商耕種咖啡，後來雖然咖啡樹的生長稍有進展，可惜的是當時高山原住民的攻擊，致使陳深埤也不得不放棄咖啡園。

一九三五年（昭和十），臺灣總督府針對中國華南、南洋之南進策略所組成的熱帶產業調查所提出的《熱帶產業調查會調查書——珈琲》報告中，同樣的也採用了田代安定的說法，不過本文對苗木品種的來源則提出或從馬尼拉，或從錫蘭島移入的兼容意見。一九三五年《臺灣經濟年報》又重刊田代安定〈珈琲木移植試驗報文〉內有關臺灣咖啡移植之濫觴情形仍照刊殖育場報告內文；或一九三九年（昭和十四）十二月，三好晴氣所著《臺灣ノ特用作物》中，也採擇一八八四年某英國人在三峽種植的說法。

到了戰後五〇年代，一九五三年九月編印出版之《臺灣銀行季刊》第六卷第一期〈臺灣之咖啡〉則並陳了禮密臣、田代氏與澤田氏等三人的說法，且整理澤田氏的調查結果，得出的結論是：

> 最初輸入者：德記洋行副經理英人 F. B. Marshall。
> 輸入品：係種子而非種苗，謂係用糖蒲包裝（運）來。

⓭ 日人的資料中並未有光緒三年撫番善後二十一條章程或十七年《臺陽見聞錄》的考察，以至於認定為一八八四、一八八五年間。

⓮ 臺灣在這段期間外部有清法戰爭、臺灣割日，內部又有原住民問題等。

⓯ 陳深埤，又名陳小埤，人稱抗日三虎之一。日人在探究咖啡起源時刻意模糊早期史實，只提到陳氏是因與山區原住民衝突而亡，但其實與抗日有關。陳深埤雖以抗日三虎傳名，一般人反而忽略其家族事業即拓墾茶園與經營茶行，陳深埤因在抗日事件中身亡，再加上山區時有原住民侵擾，咖啡種植事業也歸沉寂。

⓰ 《臺灣的咖啡》，臺北：海外文庫，一九五六年十一月三十日初版。

種子來源地：由錫蘭而非馬尼剌（今馬尼拉）或舊金山。
輸入年代：一八八五年。
最初栽培地：三角湧。
最初栽培者：陳深埤。⓯

此外，為了讓海外華人有多一點機會認識臺灣的產業，海外文庫出版社曾刊行一系列臺灣產業介紹，其中一本小冊子記載提到「咖啡樹移植臺灣，最初是在公元一八八四年，臺北英人茶商德記（Tait & Co.）洋行裡一位英人，自東南亞（一說為馬尼拉 Manila）輸入咖啡樹苗一百株，由一臺灣人楊某栽植於臺北附近的三角湧（現在的三峽）……」傳入的途徑雖沒有說得很明確，但仍可看出是以田代安定的說法為藍本⓰。

雖然咖啡傳入臺灣的說法不一，由以上資料歸結起來，大致綜合來自禮密臣、田代安定以及澤田兼吉三者的說法，不過咖啡傳入臺灣的過程中，時間與地點上並非只有一種可能，不同途徑傳播的認知在各家研究中以至於不停流轉，如禮密臣述及的英國商人在一八九一年從美國舊金山攜帶咖啡樹苗到臺灣。

其次，雖然臺灣總督府殖產局技師田代安定最早採集的資料認定，是與德記洋行有關的英人布魯斯（德記洋行在臺灣的負責人之一 R. H. Bruce），因經常往來於爪哇、馬尼拉和香港之間，而從馬尼拉引進。菲律賓在十九世紀末咖啡事業正起步，並且有亮眼的成績，其事業地主要分布在呂宋島以及約羅島（Jolo），因布魯斯經商往來，所以田代氏會有如此解讀。在世界貿易航線中，美國舊金山、菲律賓馬尼拉以及斯里蘭卡可倫坡，甚至爪哇雅加達等港口，皆可能經手過咖啡豆種並傳入臺灣。

直到一九三〇年代曾發生大規模的銹斑病，才招致昭和時期另一技師澤田兼吉的大膽推測，傳入的咖啡應與錫蘭島在一八六〇年代末出現的銹斑病有關⑰，那次大規模的傳染病曾導致錫蘭島的咖啡事業完全毀滅，彼時錫蘭島是英國的殖民地，英商尋找下一個咖啡屬地的意向不難理解。至於洋行帶進咖啡豆的人到底是誰？據澤田氏的判斷應是德記洋行的副經理人馬夏爾，而非布魯斯。然而澤田兼吉在一九三一年（昭和六）左右所做的調查，距一八八四年傳入此一說法，已將近五十年，僅憑銹斑病的傳染論斷也難定言，當時親自參與咖啡採集的田代安定，為何與三十年後澤田兼吉的調查南轅北轍，是一道難解的習題，這部分將在下文詳述。

此外還有一部分傳入的咖啡並未染上銹斑病，這些未染病的咖啡，除了官方從不同國家進口，也可能是其他商人透過不同產地輸入，其中澤田氏未察一八九一年英人杜西凌在白胳坪種「加非果」的來源，即逕自否定了舊金山傳來之途徑，也應被重新考慮⑱。

⑰ 一八八〇年錫蘭的咖啡葉銹斑病傳染達到巔峰，以後只好放棄咖啡事業轉種茶葉。

⑱ 爪哇（印尼）於一八七〇年代也曾發生小甲蟲鑽木心的「白疫症」，十九世紀末也曾發生銹斑病傳染，曾一度打擊爪哇的咖啡種植，影響整個東南亞的咖啡事業，與錫蘭島亦有連動關係。

雖然咖啡傳入臺灣的說法分歧，不管事實如何，洋行想要將咖啡帶入臺灣試種的意圖，肇始於英國殖民地錫蘭島的咖啡事業因受銹斑病大規模傳染，咖啡樹也因此遭遇空前毀滅，與咖啡、茶事業有關的英國德記洋行，為尋生機，不得不另覓咖啡產地，而臺灣與德記洋行素有茶葉貿易往來，經緯度以及適合種茶的氣候，似乎是洋行商人直覺可以嘗試種植咖啡的地方，於是或透過清朝政府，或洋行自行攜入，咖啡因此被帶進臺灣試驗種植。而與洋行有直接往來的茶商或茶農，順理成章也成為臺灣咖啡種植事業的第一批先鋒。

◎斯里蘭卡舊稱錫蘭，可倫坡為茶葉輸出大港。

◎爪哇雅加達港口。

Catalogue of Formosan Fungi）」十一冊，堪稱臺灣真菌研究的巨擘。

澤田兼吉從咖啡病菌的面向入手找出咖啡種苗的移植路線，是當時極為科學的一種研究方法，據澤田調查臺灣咖啡銹斑病除染途徑，研判出帶有病原的錫蘭島及爪哇兩地的品種是始作俑者。其源頭之一是從錫蘭島傳入冷水坑的セイロン（錫蘭）種；一為由恆春殖育場傳出的爪哇種⑳。一八六〇至七〇年代，非洲及錫蘭島先後發生大規模嚴重的咖啡銹斑病，而後隨咖啡移植散布到亞洲、大洋洲、西印度、中美、南美等地。一八八〇年（光緒六）英國殖民地錫蘭以及爪哇群島的咖啡事業皆受創甚鉅，更使錫蘭逐漸捨棄咖啡而轉作茶葉。在此背景下，英人洋行試圖尋找咖啡的殖民新天地，臺灣會雀屏中選，也是極其自然的事，除了洋行在本地原有貿易往來，適合植茶的地理環境與天候，也被視為是移植咖啡的可能試驗地。

清末光緒年間，洋人透過官紳勢力，將咖啡帶入臺灣山區種植，也讓清政府在「開山撫番」之餘，有了另一層想像，把世界性的新興作物帶入山區部落。一八八四年到一八八五年間，臺灣受清法戰爭波及，雖遭受法國艦隊封鎖，咖啡種子與樹苗在此期間，仍沿著淡水河深入臺灣北部三峽山區和其他茶商手裡，可以說誘因如同茶葉，可帶來龐大經濟利潤的預想，卻也因此將染上銹斑病的咖啡種苗傳入了臺灣。

田代安定任恆春殖育場主任時期，此場原是臺灣最大的咖啡試驗培育地，結果不免成為咖啡銹斑病最大的溫床，尤以錫蘭與爪哇移入的種苗問題最大，傷害臺灣的咖啡種植事業也最深。

⑲〈明治四十一年八月份進退原議〉，《〔永久保存判進退第一門〕臺灣總督府公文類纂第八卷》，明治四十一年。總督府檔案典藏號：00001440004。〈〔中央研究所技手兼府技手〕澤田兼吉（兼任府高等農林學校教授）〉，總督府檔案典藏號：00004004018。

⑳澤田兼吉的調查報告重新刊載於昭和十年十二月號第二期《珈琲》（後易名《茶と珈琲》）期刊中，內有針對銹斑病傳播路徑繪製示意圖，也是澤田解開臺灣原生種從何處染病的途徑說明。

◎常見的咖啡銹斑病，圖為古坑地區咖啡銹斑病。

植物病理學家澤田兼吉與臺灣咖啡銹斑病傳染地圖

澤田兼吉，一八八三年（明治十六）十二月二十六日生，家族是日本盛岡縣的士族。一九〇三年三月三十一日從盛岡中學校畢業，隨後在六月進入盛岡高等農林學校成為雇員，八月成為校內植物標本製作囑託，隔年三月升任植物學教室助手，並受任圖書館兼務，在校內任職期間特別勤勉，因表現優異，每年都有獎金加薪。一九〇八年（明治四十一）來臺，任臺灣總督府農業試驗所技手，隸屬植物病理部勤務。一九一二年（明治四十五）七月，任農業試驗所圖書取扱主任（圖書管理員）。一九二〇年（大正九）七月，任植物病理部長心得（代理）。一九二一（大正十）年三月，任總督府殖產局農務課勤務，植物檢查事務囑託（僱傭員的一種）。一九二二（大正十一）年九月，任中央研究所技手兼任臺灣總督府殖產局技手。一九二三（大正十二）年四月，任總督府高等農林學校講師囑託，十月任中央研究所農業部圖書取扱主任。一九二五年（大正十四）兼任總督府高等農林學校植物病理學教授⑲。澤田氏在植物病理學方面的研究頗有成績，尤其在調查臺灣產的植物真菌上毫不懈怠。一九二九年度至一九三〇年度（昭和四－五），身兼中央研究所技手與臺北帝國大學附屬農林專門部教授的澤田兼吉，受任命為農業教員講習會講師，講授的科目為植物病理實驗，不出其專業領域。一九三一年，臺北帝大圖書館司書官（圖書館館長）職位遇有空缺，澤田因為擔任中央研究所技手十三餘年的資歷，加上圖書取扱的資歷被任命。擔任司書官之後，或許經手全臺灣的植物研究典藏資料的蒐集、保存與整理，讓澤田有機會重新對臺灣咖啡的歷史有全盤的掌握與認識。澤田在臺時間非常久，直到戰後才被遣返日本，根據臺灣大學整理其成績，澤田在臺期間進行踏查、採集與鑑定真菌的工作，共發表「臺灣真菌目錄（Descriptive

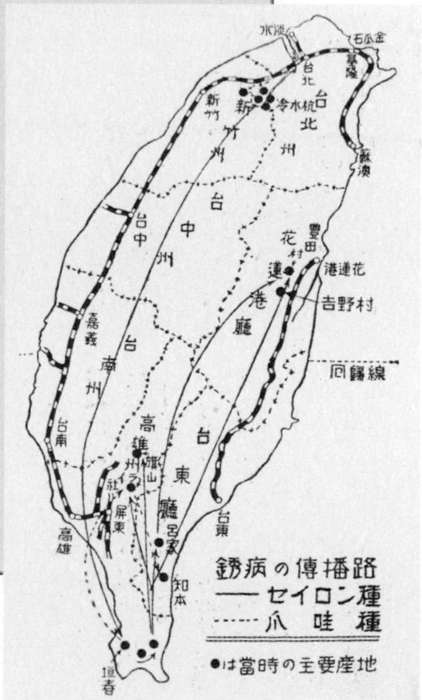

◎ 台灣咖啡銹斑病傳染途徑。

「殖產興業」下的臺灣熱帶產業

日人「殖產興業」在臺灣

十九世紀末，世界列強經過產業革命後，為尋求原料供給與產品銷售市場，積極擴張海外殖民地。清帝國受開港通商以及軍事的壓力，且自顧不暇，臺灣則如一葉孤舟，飄搖在太平洋上，並捲入了世界列強的爭奪漩渦中。

鴉片戰爭後，先是英國船艦進出臺灣頻仍；一八五六年（咸豐六）廣州的亞羅號事件，引發英法聯軍，清帝國被迫簽訂「天津條約」、「北京條約」，往後幾年，臺灣淡水、雞籠（基隆）、安平（臺南）

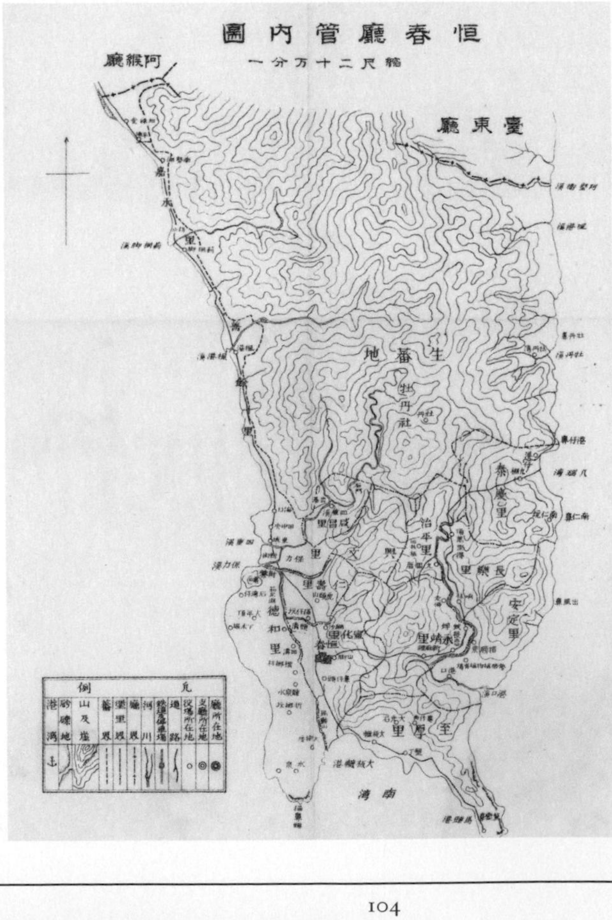

◎恆春廳管內圖，一九〇七年。

和打狗（高雄）相繼開港，因此國際糾紛也漸漸浮上檯面，如美船羅發號事件、樟腦貿易事件、傳教士教案等，衝突接踵而來。一八七一年（同治十）牡丹社事件發生，也開啟臺灣被日本殖民的序幕❶。

時間回到更早，日本於一八五九（咸豐九）年被迫開港通商後，外國勢力逐漸伸入日本，日本社會與經濟層面皆面臨巨變，也進一步導致了「明治維新」的新局。但政治上一連串舊幕府「外征論」與維新政府「殖產興業」路線的內部角力，加上內政、外交的重重危機，促使日本在牡丹社

◎日本被迫開港之港口——箱館（涵館）。

◎牡丹社事件石門戰役後日軍與斯卡羅社人留影，左坐者為卓杞篤，中坐者為西鄉從道，右坐者為一色。

❶ 許極燉，《臺灣近代發展史》，臺北：前衛，一九九六。戴天昭，《臺灣國際政治史》，臺北：前衛，二〇〇二。

事件後，對臺灣出兵，乃成了維新政府紓解舊勢力壓力的一種方法。一八七一年牡丹社事件發生時，清帝國消極推辭臺灣仍有所謂「生番」的「化外之地」，卻強化了日軍對臺動武的計畫❷。

「殖產興業」可說是日本明治維新政府的政策主軸，其中初期由大久保利通內務卿、大隈重信大藏卿、伊藤博文工部卿等重量級人物所組成的內閣，提出了「抑制進口、促進出口的近代工業的移植政策，同時通過獎勵各地興修道路、水利等地方事業的方式，實現向地方返還『開化』的利益之目標」❸。即經由西化、開化（現代化）、產業化的過程，移植近代產業，促進資本累積。簡言之，就是「富國強兵」。

一八九五（明治二十八）年甲午日清戰爭後，臺灣割讓日本，日本雖已進入產業化階段，但民生財政仍然吃緊，雖然領有臺灣，但在治理上也確實非常棘手，首先對臺灣總督府的補助減少，就讓臺灣必須面臨自闢財源、自給自足的局面。於是援引「殖產興業」的思考模式，逐步進行「資本主義化」的統治，就在臺灣這塊土地上漸次展開❹。

「殖產興業」在臺灣到底如何被運用，可區分為以下幾個面向❺：

一、土地問題：土地調查是日人治臺開始資本主義化的基礎，一方面釐清了解臺灣的人籍與地理，以便於統治；另方面整理產權不明的隱田，讓土地所有權有明確的處分，並且可以增加稅徵上的收益；也因為土地權利的關係可以確定，使得土

---

❷梅村又次、山本有造編，日本經濟史三《開港與維新》，北京：三聯書店，一九九七。

❸梅村又次、山本有造編，日本經濟史三《開港與維新》，北京：三聯書店，一九九七年十一月版，頁七八—七九。

❹矢內原忠雄，《日本帝國主義下之臺灣》，臺灣史料中心，二〇〇四年二月版。

❺參引矢內原忠雄，《日本帝國主義下之臺灣》，臺灣史料中心，二〇〇四年二月版。林呈蓉，《近代國家的摸索與覺醒——日本與臺灣文明開化的進程》，臺灣史料中心，二〇〇五年十二月版。

❻統計期間，臺北、新竹、臺中、臺南、高雄等五州，面積合計十一萬六千七百六十甲，東部地方有四千八百二十甲。涂照彥，《日本帝國主義下的台灣》，臺北：人間，二〇〇八年三月，頁九一。

❼至一九二八年止，臺灣製糖工廠計有臺灣、鹽水港（原林本源製糖併於鹽水港製糖）、新興、明治、新高、帝國、大日本（原東洋製糖併於大日本製糖）、臺東、新竹、沙轆等製糖株式會社，其中主要由三井、三菱、藤山、臺灣銀行、松方等會社所投資控制。

地的買賣租借獲得保障，如此資本企業才能安心投資。一九二五年到一九二九年間（大正十四—昭和四），臺灣西部各新式製糖公司已控制臺灣大部分耕地❻；此外官、私營移民農場也配領不少土地，以致臺灣耕地幾為日本人資本家所壟斷。

二、林野調查與林野整理：土地調查僅涉及水田與旱田，而山林地的利用則需進一步實行林野調查。山林地除了一部分延續清朝時的山林業主權之慣習外，絕大部分山林地被查定為官方所有，也因此提供了以後官方移轉土地時，給予投資企業

◎第一回臨時臺灣土地調查，圖為三角測量主點高十一米的木椿架。

◎第一回臨時臺灣土地調查之實地測量。

有效的法律與經濟基礎。而東部除了早期田代安定的調查報告外，一九一〇年（明治四十三）開始施行的林野調查中，也一併進行土地調查，以吸引資本家進入東臺灣開拓土地與興辦企業。

三、傳統產業的改造與振興：日本統治臺灣初期，即注意到蔗糖產業在臺灣的潛力。一八九八年（明治三十一）兒玉源太郎總督任下，民政長官後藤新平即大力推動糖業振興，發展新式糖廠，並著手蔗苗改良，補助製糖業者❼。

四、整體開發計畫：臺灣總督府以財政獨立為目標，所進行的財政二十年計畫，擬由土地調查、專賣事業、事業公債及地方稅的施行，增加財政歲入，以便逐年減少日本本國的補助，達到財政獨立自主的構想。

五、原住民政策：臺灣原住民的反抗對日人的振興產業方針是一大阻力，尤其東部臺灣更是需要藉由改善治安，來吸引企業投資此地。一九一一年（明治四十四）開始推行的五年理蕃計畫，即利用武力、教育、衛生等政策，企圖「教化」原住民，達到安定投資環境的目的。

六、教育問題：以日本語教育達成語言、文化以及同化的目的。

熱帶產業調查會

日人治臺後，臺灣西部土地利用的問題，大多集中在水稻與甘蔗等民生與糧食

❽ 初期總督府對於熱帶產業的推動，主要是設立恆春熱帶植物殖育場以及各州廳的農事試驗場，藉此以累積熱帶事業研究的資料。李文良，〈帝國的山林——日治時期臺灣山林政策史研究〉，國立臺灣大學歷史學研究所博士論文，二〇〇一年十一月。

❾ 小林英夫，〈從熱帶產業調查會到臨時臺灣經濟審議會〉，《臺灣史研究一百年》，一九九七年十二月初版，頁四一—六八。

◎日軍領台初期南部的糖廍。

作物，對於熱帶植物的栽培雖早有構想，但並無積極的推動，主要原因在一方面農業政策關注的焦點皆集中在如何振興糖業；另方面山林土地的利用仍多以茶葉、樟腦與伐木為主；而且官方也可能對於熱帶植物事業缺乏經驗所致❽。但是到了一九三〇年代，迫於國際局勢❾，山林土地擴大利用的聲音再度浮現，熱帶產業的調查計畫也重新被討論，其中各問題的探討以及可能擬定的方針與政策，皆將成為總督府施政的參考。於是兩次最重要的熱帶產業調查會就此召開，一是一九三〇年（昭和五）十一月，石塚英藏總督時期的臨時產業調查會；一是一九三五年（昭和十）五月，中川健藏總督時期的熱帶產業調查會。

◎熱帶產業調查會合影，一九三五年。

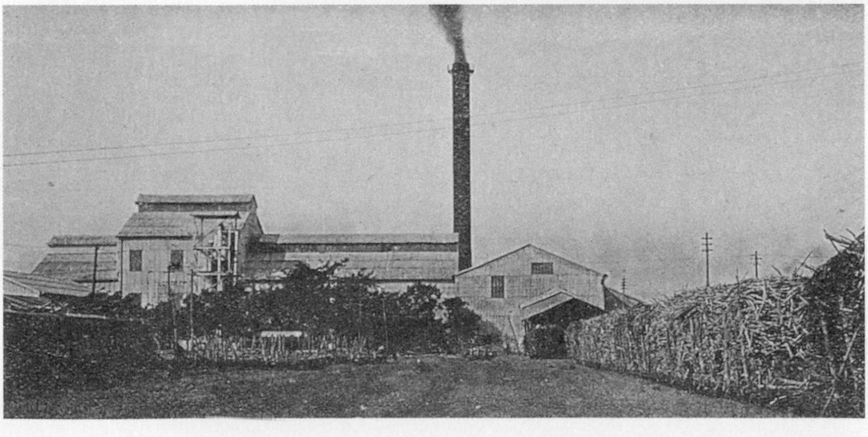

◎改良後的新式糖廠臺中帝國糖廠。

日人治臺後的咖啡事業發展

臺灣咖啡新發現與試驗栽培

一八九四年（明治二十七）十一月日軍開啟甲午戰爭，一八九五年（明治二十八）日清簽訂馬關條約，日人領有臺灣、澎湖，日軍登陸接收臺灣時，雖遭遇抵抗，仍於是年底完全占領臺灣。在這段期間內，六月十七日臺灣總督府在臺北城內舉行始政式，宣告統治臺灣的開始。當時總督府任命的文武職員中，與以後臺灣咖啡事業的發展有極為密切關係的，則屬殖產部長橋口文藏❶。

一八九六年（明治二十九）橋口文藏轉任臺北縣知事，熱中於熱帶植物園區的構想❷，並準備設立咖啡樹試育園，後聽聞文山堡冷水坑庄❸的茶商有種植咖啡，遂命臺北縣殖產課課長大庭永成，會同總督府民政局殖產部田代安

◎大庭永成。

◎日軍領台時遭遇之反抗圖繪。

定等人，前往茶商游其源❹兄弟家中調查，除前述章節有關《臺灣日日新報》陸續報導的游氏兄弟，而田代安定技師後來南下掌理恆春殖育場，其殖育事業報告以完整的經營論述，奠定日後臺灣咖啡研究的歷史地位，卻因此與昭和時期澤田氏的踏查不同調，此處值得進一步梳理出恆春殖育事業報告相關重點，以及田代氏認為的臺灣咖啡移植說法：

◎一八八四年，與德記洋行有關的英國商人布魯斯，從菲律賓的馬尼拉運進一百棵咖啡樹苗，讓漢人楊乾之、楊紹明兄弟種植在三角湧（三峽）其開墾的山區番界地，後來只有十棵存活。

◎一八八五年，英國商人布魯斯再次輸入種子種於該地，然未能發芽。同年再一次購入咖啡樹苗移植於該地，終於開花結果。

◎一八八七年，臺灣高山原住民出草三峽山區，楊紹明受襲擊傷重而死。文山堡冷水坑庄（海山郡冷水坑）茶商游其源獲得該地的咖啡種子，播種於自己的苗圃土地上。所結成的咖啡豆曾送給大稻埕商人李春生進行烘焙，游姓茶商的這批咖啡豆也曾送至英國倫敦品評，博得一等品的殊榮。

◎一八九五年以後，游其源的茶園旁之咖啡園遺址只餘存一棵咖啡樹。

◎一八九六年，前臺北州殖產課長大庭永成前往調查，並於隔年一八九七

---

❶ 一八九六年轉任臺北縣知事，直至一八九八年。

❷ 初期首任民政長官水野遵以及殖產部長橋口文藏，對於熱帶事業的意見，很可能是受了總督府農務課員田代安定的《臺東殖民地豫察報文》的影響。

❸ 游其源祖厝在今新北市土城區清水，舊地名冷水坑。

❹ 後來在昭和六年殖產局技師澤田兼吉重新現場調查後修正為游其祥。根據已知資料，一九〇三年日本舉辦大阪第五回內國勸業博覽會，其中臺灣館的籌設委員與工作人員中，橫山壯次郎、田代安定以及大庭永成皆與咖啡種植有關，值得一提的是，在此次博覽會中，游其祥的茶葉參展品更獲得一等賞的榮譽。而游其源與游其祥為堂兄弟，曾任德記洋行雇工，有了這層關係，游其祥其身分不管是茶農或茶商，應該都不難取得咖啡種子。

年，橫山技師採集游其源苗圃內咖啡種子，分送臺灣各地。此次調查又發現楊乾之曾於水邊腳庄（七星郡汐止）的山上種植，後因風災全部枯萎。這批咖啡種苗也曾分送同庄李萬居氏，並栽種在其園中❺。

重新調查後的臺灣咖啡足跡

田代氏《恆春熱帶植物殖育場事業報告》出版後約二十年，臺灣總督府殖產局技師澤田兼吉重新調查（一九三一年〔昭和六〕當時）臺灣咖啡歷史，則有截然不同的四條線索並修正明治時期的咖啡發展，茲整理如下：

其一，三峽陳深埤家族

◎一八八五年（光緒十一），與德記洋行有關的英國商人布魯斯，從錫蘭島的可倫坡❻輸入咖啡種子（按：非樹苗）。種植於三峽庄大豹梢楠湖，此地由茶商陳深埤（按：非楊紹明）所開墾，接受德記洋行經理馬夏爾（按：非布魯斯）咖啡種子以及資金的挹注，開始於海拔八百公尺高的園圃裡開闢咖啡田。

◎一八八五年，七星郡汐止街茶商李萬居從德記洋行馬夏爾那裡獲得一百株咖啡樹苗與一些種子❼，並栽種於汐止街後山田地裡，因田地有岩石，地質不佳，樹苗全部枯死，但種子卻順利長成樹苗，後來有十棵被移植到李萬居自宅內。

◎任恆春殖育場場長時期的田代安定（右二）。

一九一二年（大正元）時，淡水的威廉馬偕❽曾帶走四十棵樹苗。調查李萬居自宅時，只剩一棵母樹、三棵子樹（因母樹的落果而自然生長的樹苗）存活❾。

◎一八八九年至一八九〇年（光緒十五—十八），陳深埤的咖啡樹苗長已至三至四尺高，並結出果實。後因高山原住民攻擊而放棄該地❿。

◎一九〇〇年（明治三十三），總督府軍隊鎮壓原住民。陳深埤遺族前往該地整理，園內咖啡樹已遭全數砍伐。後來原住民山地皆收歸國有地。

◎一八八八年（光緒十四），海山郡山員潭五閹的王長春，從三峽陳深埤那裡分獲十幾棵咖啡樹苗，後僅存活兩棵，約在一九二五年左右，種植的田地變成水田，咖啡樹被全部砍伐。三峽庄中埔的吳盛也分獲兩棵，但一九三一年時也因種植的田地變為水田，全部被砍伐。三峽庄大埔的林深池也曾分獲兩棵咖啡樹苗及一些種子，但後來也都全部枯死。

其二，大豹地區

◎一九〇八年（明治四十一），大豹梢楠湖一帶國有土地轉售給三井物產，該公司在此地經營大豹製茶工廠，從事生產紅茶，據當時大豹製茶廠員工老人所述，一九〇〇年討伐原住民以後，仍殘留有幾棵咖啡樹。另新竹州大溪街黃聽明也提到，一九〇七年（明治四十）該地還留有十五棵咖啡樹。不過到了踏查時，已全部不見蹤跡了。

---

❺ 據《恆春熱帶植物殖育場事業報告第一、二輯》，頁二〇七—二一四整理。昭和十七年，經濟年報重刊，仍依田代安定舊稿。

❻ 注意此處非指馬尼拉，而是錫蘭的最大城市可倫坡，地點、對象皆做了修正。

❼ 若與三峽、冷水坑是同一批樹苗，則應為一八八五年無誤。

❽ 應為馬偕牧師子嗣偕叡廉。

❾ 田代安定則記載汐止山中的種植者為楊乾之，並曾提供給李萬居。今汐止蘇家古厝原李萬居產業，後轉手蘇家，未拆除前古厝院內在二〇〇五年時仍可見咖啡樹。

❿ 同前〈尋找臺灣咖啡先鋒〉註⓯。陳深埤家族經營之山區茶園。

其三，大溪黃難

◎一八八〇年（光緒六），新竹州大溪郡烏塗窟人黃難將海山郡山員潭土地租借給英國人二十年，經營興隆茶寮。根據興隆茶寮的陳清漠、黃難之孫黃式南以及其他耆老訪談，得知這段期間，黃難從英國人手中獲得咖啡種子，並將種子栽培於自家後院丘陵下的旱田裡，不過今日已找不到當時所種植、樹齡在四十年以上的咖啡樹了。

其四，游氏兄弟家族

◎一八八五年，在德記洋行幫傭的游其祥、游其源兩人從經理馬夏爾處得到一批咖啡種子⓫，根據游其祥次男游好雲的說法，最初這批種子是先發贈給陳深埤栽種於三峽原住民山區，後因種植地遇原住民襲擊，咖啡種植的開墾也停頓下來。之後，馬夏爾才又將剩餘的種子贈予游其祥、游其源兩人，游其祥就將種子播種在冷水坑住宅附近的尖山。

◎一八八七年（光緒十三），約有一千五百株咖啡樹苗，經過三年的時間被培育出來，並移植到冷水坑尖山頂附近的山坡地。另一方面，游其源也將所培育的樹苗粗放至元和寮山（今新店山區赤皮湖），但因土質黏度太高，已全部死亡⓬。

一八八九年至一八九二年（光緒十八），這批咖啡樹開始開花、結果，年產量約達

⓫ 即游阿賞和游阿韮。

⓬ 據田代安定所記，冷水坑的咖啡種植主要是游其源的說法，經澤田兼吉調查後則做了修正，即冷水坑留存的咖啡樹最早的源頭應是游其祥所植。不過若依《臺灣日日新報》報導記載，日人常分不清游氏兄弟誰是誰，加上當初兩兄弟都同時有試種咖啡，以致說法不同。

⓭ 參照前述游氏兄弟事蹟。游其源歿於明治三十五年，游其祥則是明治四十二年過世。

⓮ 據澤田兼吉在昭和年間的調查報告。

◎三井大豹茶場之茶園。

一・四公斤，此時期一般民眾因無咖啡需求，游其祥除了自家享用外，只能將其餘的咖啡豆分送臺北的茶商。

◎一九〇八年，咖啡田裡落下的咖啡果實所自然生長的樹苗，游其祥次子游好雲曾挖出少許樹苗，種植於自家宅院後的田地上。調查期間仍有少數殘留，但已罹患銹斑病（按：銹斑病出現在游家的原生種上，澤田並因此推斷，認為病源就是由此處散播出去）。

◎一九〇九年（明治四十二），游其祥死後其遺產分給了七個兒子[13]，咖啡田由五男游過房繼承，此時期的咖啡栽植呈停頓狀態。

◎一九一一年（明治四十四），游過房傭人因取柴將咖啡樹全數砍伐[14]。

比較上述田代氏與澤田氏兩方對原生咖啡的來源與移植處的認知，很明顯有不同的見解，為了解雙方的差異，首先可從田代氏執掌的熱帶恆春殖育場談起。

◎大豹工場茶葉揉捻機房。

明治至大正年間日人在臺的咖啡試種與推廣

恆春熱帶殖育場開闢

墾丁森林遊樂區曾出版的《墾丁森林遊樂區熱帶植物園植物名錄》手冊中有關茜草科（Rubiaceae）所屬中，仍可得知園區內戰後現存的咖啡，計有：

咖啡樹（Coffea Arabica L.），常綠灌木，葉對生，中肋與第一側脈交叉處具凸腺。阿拉伯。製飲料，一九〇四年引進，生長良好。

利比里亞咖啡（Coffea Liberica Hiern），常綠小喬木，葉對生，革質，花白色。利比里亞。製飲料。清光緒十年（一八八四）引入生長欠佳。

大葉咖啡（Coffea Robusta Lind），常綠小喬木，漿果，淺紅色。剛果。種子製飲料❶。

今天的墾丁植物園及墾丁國家森林遊樂區，大抵即臺灣總督府殖產局於一九〇二年（明治三十五）創設的恆春熱帶殖育場。日人選定屬於熱帶圈之恆春半島，

◎恆春城。

❶ 一九五九年十二月出刊之《臺灣省立博物館科學年刊》中，一篇〈恆春熱帶植物園之樹木〉，已有恆春現存咖啡品種的介紹，未註明出版年份的《墾丁森林遊樂區熱帶植物園植物名錄》內的簡介，可能以此文為基礎而擴充。

做為熱帶植物的培育場根據地，初期除移植臺北苗圃的熱帶植物外，也採集日本小笠原島、宮崎、沖繩、鹿兒島大島群島等地的護謨樹、茄菲木（咖啡）、規那樹（金雞納樹）等作物，並從爪哇、印度地方輸入肉豆蔻、規那等熱帶地方的植物種子。未開場前之一九〇一年（明治三十四），首先選定豬勝東國語傳習所附近地，經由十八社大股頭人潘萬金及其父親潘文杰，居間協調取得土地，設立殖育場苗圃。次年一九〇二年，再進一步取得牡丹社、高士佛社之山林

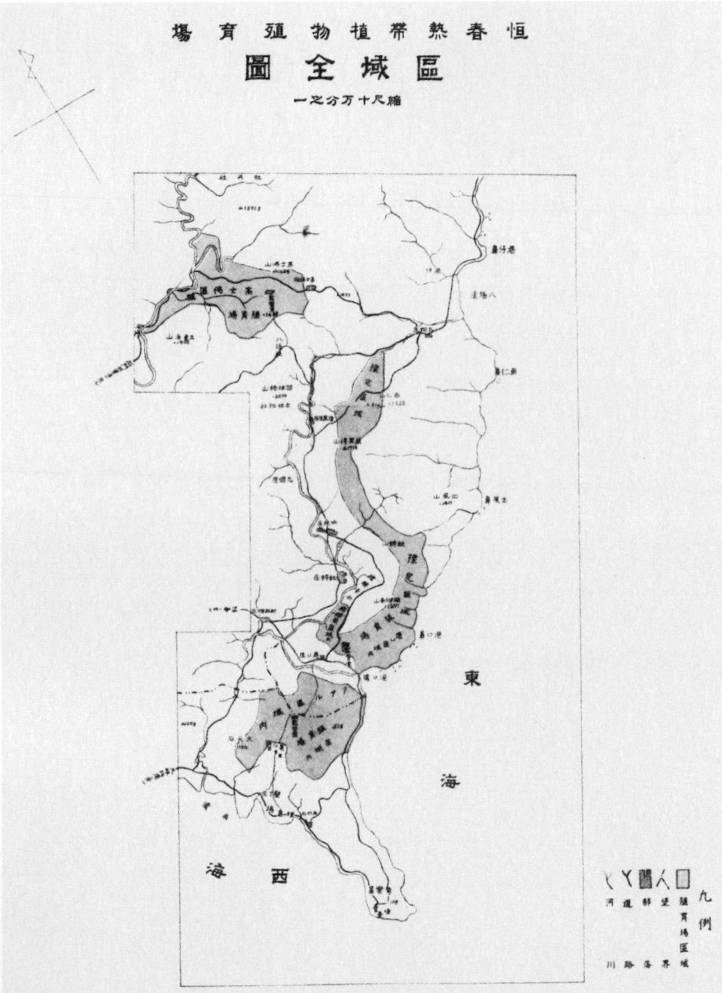

◎恆春熱帶殖育場全區地圖。

地，並陸續成立母樹園，計有：

1. 豬勝東母樹園（一九〇二年），即一號母樹園。位在滿州東南方約一公里處里德村內，今日為林業試驗所恆春分所里德苗圃。有各種熱帶樹苗在此試種後，再移植至其他母樹園。

2. 高士佛母樹園（一九〇二年），即四號母樹園。居牡丹社南方約八公里、高士佛社西方約一公里處❷。即今牡丹水庫流域、四重溪支流竹社溪流域一帶。

3. 港口母樹園（一九〇三年〔明治三十六〕），即二號母樹園。範圍西以豬勝東山為界，與豬勝東母樹園一部分園區相銜，並東臨太平洋。港口母樹園比較特殊的是，設立時園區採輪軸放射線狀劃分，以象徵十二道光芒的預定路線，切開了主要圓形區域，四周並設有規那、咖啡、印度橡膠樹、紫檀、柚木、毛柿、果樹等種類繁多的植物區。

4. 龜仔角母樹園（一九〇四年〔明治三十七〕），即三號母樹園。今位於恆春種畜場北方約二公里處，全區屬珊瑚礁石灰岩地質。一九〇六年（明治三十九）時園區又設立新（西）母樹園，並合併舊（東）母樹園，成為一區。在東母樹園內設有咖啡、印度橡膠樹、柚木、紫檀等試驗場。

一九〇五年（明治三十八）各事業地統計後咖啡園總面積三町三反五畝❸，各園區咖啡母樹總計八千三百七十棵，咖啡苗木七千零九十棵❹，若輔以殖育場全圖，

◎龜仔角事務所前田代安定準備離職前留影，一九一〇年。

◎田代安定（前排左二）與職員合影，一九〇八年。

頭人潘文杰

一八七四年（同治十三）牡丹社事件，年輕的潘文杰與新任頭目朱雷·卓杞篤首次登上歷史舞臺。《恆春縣志》載一八八六年（光緒十二）恆春縣屬番社「薙髮」者，其中「豬勝束社，共男丁一百三十六名，正社長任結，月支口糧重洋五元，衣褲同前」。任結即潘文杰。清欽差大臣沈葆楨在事件後領悟臺灣的重要地位，並進一步推動各項籌防臺灣的「開山撫番」政策，其中恆春建城時，潘文杰也參與協助。一八九五（明治二十八）年臺灣割日後，潘氏歸順日軍，擔任「約聘專員」，穿梭勸降琅嶠各部落。一八九六年（明治二十九）恆春國語傳習所分教場設立之土地端賴潘文杰奔走。一八九七年（明治三十）潘文杰被日人破格敘勳；一八九八年（明治三十一）潘文杰被送到日本都市觀光。一九〇一年潘文杰被任命為恆春廳參事；一九〇二年恆春殖育場設立之初，潘文杰已是部落和日人間位高權重的頭人。田代安定開闢殖育場，也得力於潘文杰的地位，取得大部分土地。

◎潘文杰與萬金家族。

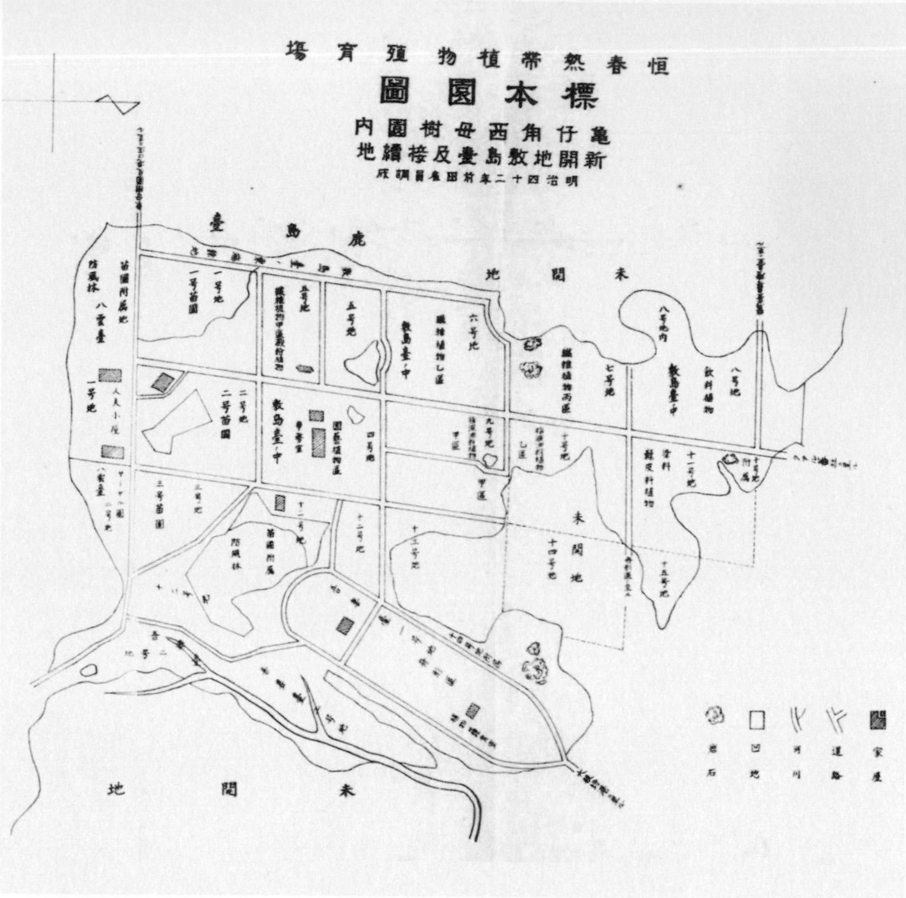

◎ 恆春熱帶殖育場標本園圖，龜仔角西母樹園內新開墾地平面圖。

◎龜仔角西母樹園內新開墾圖。

❷一八七一年十二月間，琉球宮古島漂流民於臺灣八瑤灣（今屏東縣滿州鄉九棚一帶），因觸礁登陸後遇害，日軍藉此事由，於一八七四年出兵發動軍事攻擊，進行所謂「招降生番工作」。五月十日，日本驅逐艦、運輸艦，運載三千多名士兵登陸車城射寮港；六月一日，日軍部隊兵分北中南三路，展開攻

各區內咖啡母樹的配置可一目了然。

藉由田代安定於恆春殖育場的培育紀錄，臺灣咖啡在明治末期過渡到大正年間，才有較為明顯的輪廓，也得知恆春殖育場有關咖啡品種的來源包括有：臺灣在來種、小笠原島種、夏威夷種、南美種、賴比瑞亞種以及加那利等，然而也因為這些品種，對日人未來全面性的種植擴張與罹病毀滅有了絕對性的影響。恆春殖育場開闢時期位於龜仔角母樹園的咖啡栽培園，在國家公園保留區內所見殘存的咖啡樹生長受阻於其他樹種遮蔽，枝幹抽長、枝葉光禿稀疏，與一般枝葉茂盛的咖啡樹全然不同，已呈現隔代野放演化狀態❺；另據茶改場魚池分場研究員指出，過去恆春殖育場的咖啡事業地如今留存的咖啡樹種現況僅見高士佛的廢棄林道與龜仔角母樹園臺東漆造林地二地發現有殘留咖啡樹❻。由於殖育場是明治末期臺灣各地植物種苗最主要來源，因此也造成植物罹病的最大根源，後來東部的咖啡銹斑病災情即其中之一。

◎恆春熱帶植物園內保留區留存的咖啡野生狀況。

打牡丹社、高士佛社。據豪士（Edward H. House）本人在《征臺紀事》（*The Japanese Expedition to Formosa*）中記述，「南軍在六月二日下午二時抵高士佛社，進村的當時伏擊四起，三名日兵陣亡、二名受傷。在南軍火力壓制下，高士佛人很快的被趕入森林深處……」這次史稱「牡丹社事件」的軍事行動，日軍攻擊的高士佛社，曾位於母樹園內。

❸ 一町等於十反，約三千坪，一反為十分之一町，或等於十畝，一反約等於三百坪。

❹ 田代安定編纂，《恆春熱帶植物殖育場事業報告第六輯》，頁三二四—三二六。各種類咖啡母樹數據整理可參考本書附錄「恆春熱帶殖育場植物總目錄：第七門飲料植物」。

❺ 墾丁國家公園早期規畫森林遊樂區分第一、第二與第三遊樂區。二〇〇五年實地探查龜仔角母樹園，範圍在原第三遊樂區內，今已成為未開放的保留區。

❻ 翁世豪，〈臺灣咖啡育種先驅——田代安定與恆春熱帶殖育場〉，《茶葉專訊》九十期，民國一〇三年十二月，頁二—五。

東部臺灣咖啡的毀滅與重生

東臺灣移民拓墾

清光緒年間，同知袁聞柝闢建南路，羅大春《臺灣海防並開山日記》中記載，「三年春間，巡撫丁公日昌派員在廣東汕頭設局招募潮民二千餘民名，用官輪載赴臺灣，先以八百餘名撥交吳統領安插大港口及埤南等處開墾。」一八七八年（光緒四）以後，又陸續提供農具、種籽予成廣澳（臺東成功）以南阿眉族（阿美族）各社，其中還說到阿眉族人自請丈量田地之事云云。咖啡移入臺灣的傳說中，前文已提及，一八七七年（光緒三）春，丁日昌為招募佃農到東臺灣開墾，曾經擬定的「撫番善後二十一條章程」，可與開山日記參照，不過一八九四年（光緒二十）胡傳撰《臺東州采訪冊》已持懷疑態度，也認為「當初是否一律給發民、番開墾經費及農具、種籽？今皆無卷可稽」。

雖然咖啡的種植尚無法確定是否最早於一八七七年已經開始，不過對於東臺灣種植咖啡最為具體的意見，應可從一八九六年當時，殖產部技師田代安定首次踏查臺東情形窺見：「……現在，本人針對臺東地方的未來，陳述殖產方面的展望。臺東地方的利源，可分為林產、農產、礦產、水產四個項目……林產以樟腦、木材為主。農產以糖業為主要著眼點，茶葉、山藍、苧麻、膠木、咖啡、水果、藥草、菸草、

❼ 田代安定，〈緒言〉，《臺東殖民地豫察報文》，臺灣總督府民政部殖產課，一九〇〇年三月二十五日，頁一—五。

❽ 陳錦榮編譯、水野遵著，〈臺灣行政一斑〉，收於洪敏麟編，《日本據臺初期重要檔案》，臺灣省文獻委員會，一九七八，頁一二七—二〇一。

◎花蓮港賀田組。

草錦、米穀、牛馬等為次要產物的大宗。」❼

豐田與吉野（吉安）

一八九五年日本領有臺灣後，為紓解日本本國的農村貧困問題以及地狹人稠的壓力，第一任民政局長水野遵相信，未開發的東臺灣是極為理想的移住地區❽。等到一八九八年開始持續執行的土地調查、戶口調查和林野調查，無一不是為便利臺灣總督府、日本實業家以及日本移民從事農村殖產事業。第一波東臺灣調查後，一八九九年（明治三十二）由賀田金三郎帶領之賀田組即在東臺灣投入殖墾事業。

賀田組經營甘蔗作物、樟腦、畜牧、運輸等事業，雖有少量的菸草作物栽培，但是否有依據田代氏普查臺東的建議而從事咖啡種植，目前仍是未知數。

另一臺灣總督府殖產局技師櫻井芳次郎執行

◎賀田組製糖廠運送甘蔗情形。

東部調查時也提到一九一二年（大正元），殖產局分配過一些咖啡種子給臺東廳，直至十六年後一九二九年（昭和四）時，臺東廳卑南區呂家（今利嘉）警察官吏派出所內所種的十株咖啡樹，樹徑已經有一尺多寬；而花蓮港廳豐田村的移民指導所（一九一三年〔大正二〕），以及玉里一位姓笹原的人（一九一六年〔大正五〕）大約也從殖產局取得同一批種子❾。

此外，豐田村的移住民船越與曾吉，人在海外期間對咖啡栽培已有所見聞，從一九一七年（大正六）開始，

◎豐田森本聚落。

◎吉野全景。

即深入研究咖啡的栽種技術，一九二六年（昭和元），船越氏漸有心得，於是擴大展開他的咖啡栽培事業，並且勸說同村的一些農民栽種，更遠從夏威夷移入優良品種推廣，豐田村有大規模的咖啡栽種，應該可以說是肇端於船越與曾吉這個人。直到一九二九年前後，櫻井芳次郎調查豐田與吉野兩村已有數十戶農家投入咖啡栽種，甚至已自創「臺灣產珈琲」品牌，其栽培面積與栽培者就有清楚的記載[10]：

豐田村	栽培者	栽培面積
大平（今豐坪）	船越與曾吉	二甲步
森本（今豐裡）	增田卯八	二甲步
山下（今豐山）	池部章光	一甲步
山下（今豐山）	大西萬吉	七分
豐田村內	其他各家庭	一甲步
合計		六甲七分

◎吉野宮前的山腳下森本元三郎農場。

◎豐田道路旁的咖啡園。

◎豐田臺灣產瑞珈園咖啡品牌。

❾ 櫻井芳次郎，「東部臺灣開發研究資料第一輯」《珈琲》，昭和四年版，頁一五二—一五六。

❿ 同前註，《珈琲》，頁一五二。

◎豐田山下聚落之咖啡園。

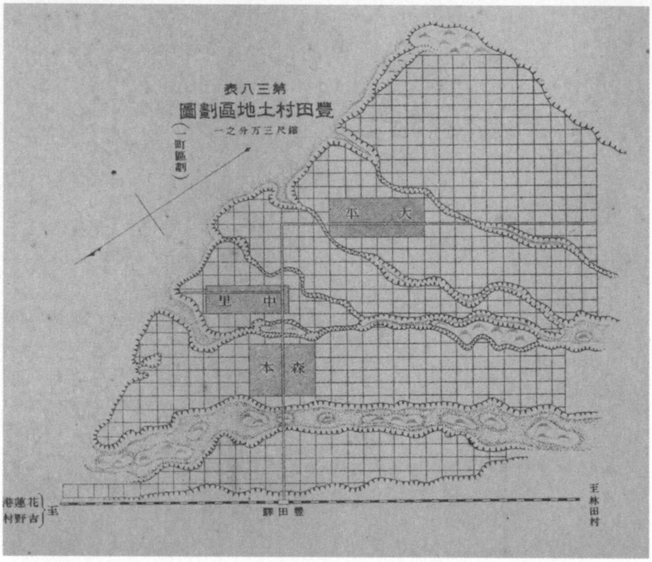

◎豐田村移民村土地規畫平面圖。

另從書中的寫真中也能看見，吉野村宮前聚落的山腳地前（約今吉安大山、七腳川社區一帶），森本元三郎的咖啡園已具農場生產規模。

⓫ 日本住田物產株式會會長住田多次郎。

⓬《花蓮港の產業》，花蓮港廳，昭和十年十一月五日，頁一四－一五。

◎住田咖啡農場苗圃。

花蓮舞鶴臺地

以天鶴茶聞名的舞鶴臺地，在日治時期，占地七百多甲的臺地，戰前曾有過約四百甲的田地種植咖啡。一九三〇年（昭和五）十一月，日本住田物產株式會社取得總督府豫約賣渡（租地）許可後⓫，隔年即信心滿滿挾資本投入舞鶴臺地的咖啡農場事業，預期能在十年後達到咖啡最大盛產時期，年產額約四十萬圓的收穫。住田會社積極開拓舞鶴咖啡事業的更早幾年，豐田、吉野以至林田等移民村，已有部分村民投入咖啡栽植並創立品牌，一九三一年至一九三二年間（昭和六—七），移民三村的咖啡不幸染上銹斑病，重挫當地剛發展的咖啡事業。一九三三年（昭和八）時，總督府更下令，將臺東廳呂家警官派出所、花蓮廳等移民村染有銹斑病的咖啡全數伐除⓬。

而舞鶴臺地的咖啡事業剛起步，對於未來的成果皆抱持著樂觀的態度，怎奈一九三四年（昭和九）之時，當地的咖啡園也出現蟲害的困擾，極可能會影響

◎花蓮舞鶴臺地住田咖啡農場。

◎住田咖啡農場咖啡樹，一九三一年。

到咖啡未來產量，那年舞鶴臺地住田咖啡農場已闢植有一百八十餘甲地、二十五萬六千三百零四株咖啡，並籌設了咖啡工場，預計當年度的收穫量為一萬六千八百封度（磅）。不過在前景看好的誘因下，舞鶴臺地的咖啡農場雖在一九三六年（昭和十一）有部分染上銹斑病，但企業對東部臺灣的咖啡事業熱中依舊不減⓭，住田會社也成功證明舞鶴臺地確實有種咖啡的條件。

臺東仙境泰源盆地

一九三〇年，總督府技手加藤謙一進入仙境嘎嘮吧灣大盆地調查，九月時，加藤氏事後指出此盆地除了有臺東廳農會三百餘甲的牧場外，可以假想此地將來將會擁有超過二千五百甲以上的農耕地，當時也有小原榮藏氏願意提供

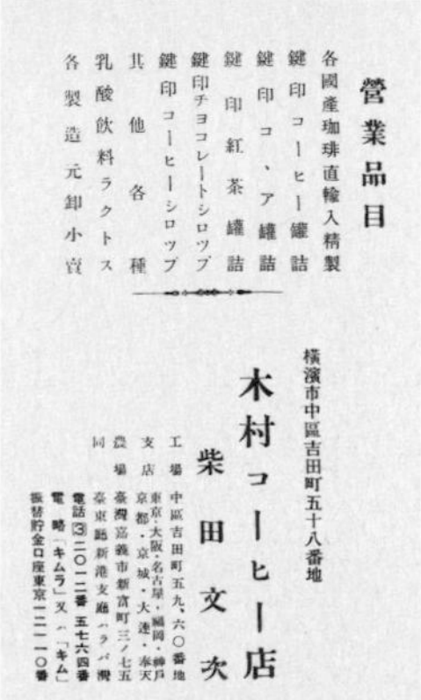

◎木村咖啡店的營業項目廣告。

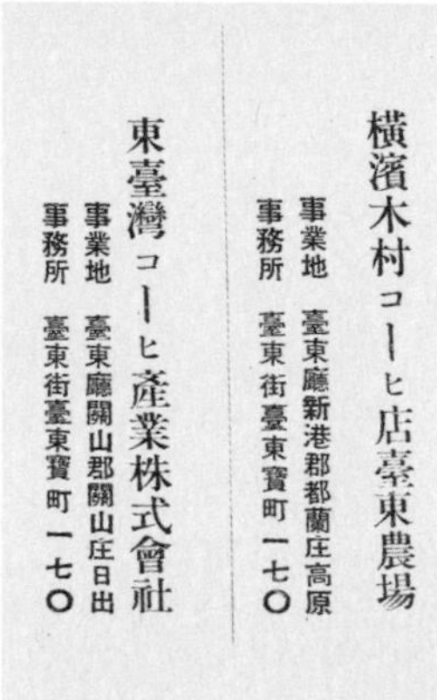

◎木村咖啡店臺東農場廣告，另經營關山地區的東臺灣咖啡產業株式會社，木村咖啡店也參與其中。

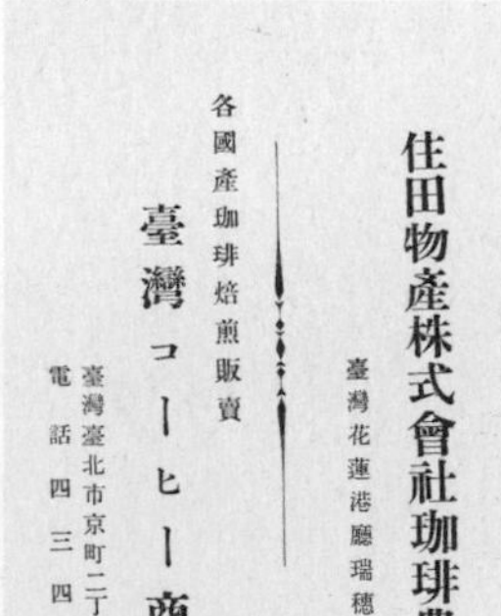

◎住田咖啡農場廣告。

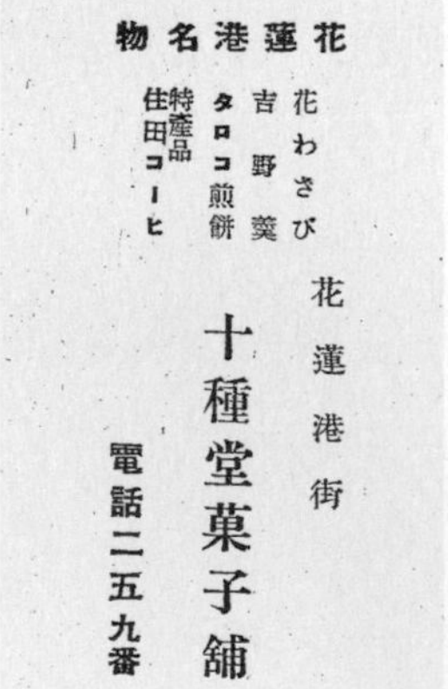

◎住田咖啡農場生產的咖啡在花蓮十種堂菓子店販售。

⓭ 櫻井芳次郎，〈東部臺灣管見〉，《臺灣農事報》，第三三四號，昭和九年九月，頁一一—一五。

⓮ 加藤謙一，〈珈琲適地仙境八ラバウン就にて〉，《臺灣農事報》，第二八六號，昭和五年九月，頁二五—三二。嘎嘮吧灣行政區調整後一度改稱高原。

五十餘甲的預定地計畫栽培咖啡[14]。據加藤氏的考察，盆地內已開墾的土地內有水稻、栗、甘薯等作物生長，應屬沃地；其次，可以看得見未開墾的土地，雜生的茅草、林木長得茂盛，土壤應該很豐饒。另外，大盆地之中的小盆地屬於安全的防風地帶，加上盆地加里猛舺、大馬武窟、小馬武窟以及嘎嘮吧灣（今高原、大馬、小馬等部落）等原住民部落的人力資源，各項條件皆符合咖啡施種條件。踏入傳說中的仙境嘎嘮吧灣，加藤氏觀察到未來的發展優勢，就在四年後的一九三四年之時，日本橫濱市人柴田文次取得了此地的貸渡許可，進入嘎嘮吧灣盆地境內之北溪右岸，開設了木村咖啡園，而這個加藤氏口中的仙境嘎嘮吧灣大盆地正是現今的泰源盆地。

◎一九二〇年代創立的木村咖啡店，隨著事業版圖擴大，除了分店設立，也開始在日本海外尋找適合種植咖啡的地點，臺灣也為其中之一。（引自 KEY COFFEE DM 文宣資料。）

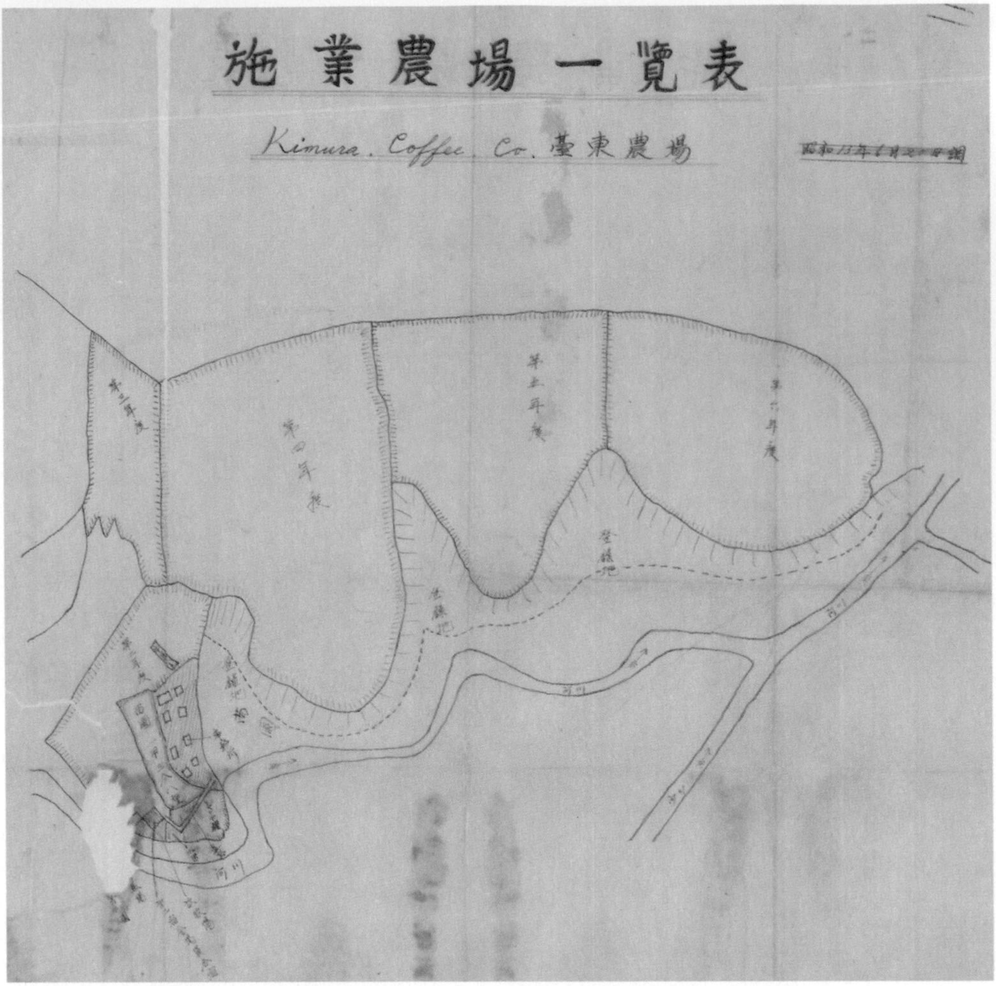

◎木村咖啡店臺東農場地圖一覽。

◎木村咖啡店臺東農場在今泰源盆地內，泰源內的公車路線有一站即為咖啡園。

◎日治時期遺留的羅布斯塔種巨型咖啡樹，約有兩層樓高。

東部開發計畫

臺東古稱卑南，陳英《臺東誌》提到，清道光年以前，僅有小米、雜糧等作物，直到咸豐年間才有鄭尚將禾、麥、芝麻等帶進卑南。日人領臺後，一八九六年，日植物學家暨農業技士田代安定進入東臺灣奇萊（花蓮）與卑南（臺東）原野踏查，對臺東方面的土質、產業以及經營方針有了初步的觀察報告，田代安定認為，臺東平原的產業「以糖業為主，另有苧麻、黃麻、菸草等次要產物。建議當局獎勵農民同時栽種熱帶植物。如果有適當土地，應獎勵種植果樹，以及水果的出口。如此做，會促使移住民在新居地有永住的意願」。對於臺東地方的殖產展望與有利產業，田代氏更深入指出，咖啡也是其中一項次要產物。

一九二六年，總督府殖產局農務課的報告中，提到研擬中的開發計畫，實已考慮到企業財閥進入臺東地區時，如何經營作物栽培的層面，並建議以五至十

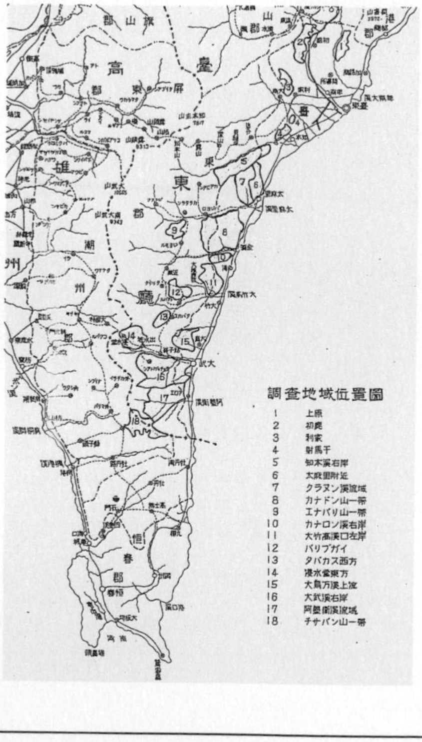

◎臺東地方調查地域位置圖，一九三七年。

年的計畫時間，讓企業去執行開發臺東地方，此次在臺東地區調查適合咖啡栽種的地點，五年計畫建議地區有初鹿、上原、利家（原呂家，今利嘉），十年計畫則看好大武溪右岸、アロエ（阿塱衛）溪流域[15]。

一九三五年（昭和十）熱帶產業調查會舉辦後，一九三六年至一九三七年間（昭和十一—十二），總督府再度展開「山地開發現狀調查」，其中適用山地的作物，在嗜好類作物項目中有「茶、咖啡、可可、菸草」等項。而在調查期間，各企業摩拳擦掌紛紛或設立或增資，提出了山地開發申請，準備投入栽培咖啡、可可等作物，其中如東臺灣コーヒー（咖啡）產業株式會社進行增資，森永製菓、明治製菓、鹽水港製糖會社等也相繼投入資本於臺東廳計畫育成栽培咖啡和可可[16]。

另據其他調查資料顯示，單就臺東地方的申請面積已達二萬六千餘甲。其中預定栽培咖啡的企業計有[17]：

地域名稱	申請者	預定栽植作物	申請面積（甲）
上原（利基利吉）	スマトラ興業株式會社 （日本外來語「蘇門答臘」發音）	咖啡、可可	800
初鹿（北絲鬮）	スマトラ興業株式會社	咖啡、可可	1300
利家	スマトラ興業株式會社	咖啡、可可	450
太麻里附近	スマトラ興業株式會社	茶、咖啡、可可	1460
カナロン（虷子崙）溪右岸	スマトラ興業株式會社	茶、咖啡、可可	590
大竹高溪口左岸	スマトラ興業株式會社	茶、咖啡、可可	420
大武溪右岸	スマトラ興業株式會社	茶、咖啡、可可	2380
阿塱衛溪流域[18]	森永製菓株式會社	咖啡、可可	2000
阿塱衛溪流域	スマトラ興業株式會社	茶、咖啡、可可	865
チサバン山東方	スマトラ興業株式會社	茶、咖啡	580
チサバン山東方	鹽水港製糖株式會社	茶、咖啡	380
牡丹及牡丹灣	スマトラ興業株式會社	茶、咖啡、可可	2450

山地開發現狀調查表（茶、咖啡、可可方面）

也證明了往後東臺灣特用作物的發展，與田代氏的建議並無多大差異。咖啡雖非日人移住民最大宗的經濟作物，但從一九三七年至一九四五年（昭和二十）太平洋戰爭結束前，也多少反映出咖啡產值，業已逐漸成為重要的特用作物之一⑲。臺灣總督府農業年報的特別作物統計書中，臺灣所產「咖啡」一項歷年統計（戰後度量衡改採公制）⑳，也能比較出，從一九三〇年代，日人企業大規模投入咖啡種植後，來到一九四一年度至一九四二年度間（昭和十六－十七），應是種植面積擴大及大量盛產之時。

一九二八年（昭和三）十二月，對於銹斑病仍未蔓延發生的豐田村，大平聚落的船越與曾吉滿懷期待寄了一些豐田產咖啡豆，到橫濱市吉田町柴田文次的米屋號；花蓮港廳農會則寄至東京市京橋區川口町ポウリスタ咖啡株式會社㉑，豐田村初次嘗試將豐田咖啡打進日本市場，當時米屋號柴田文次也曾以帶殼的豆子每百斤八十五圓、去殼的豆子每百斤為九十五到一百圓的價錢，引進少量的豐田咖啡。除了一九〇七年（明治四十）東京舉辦的第四回勸業博覽會內，以及一九一五年（大正四）日本大正天皇即位典禮中，曾驚鴻一現的恆春林業試驗所出產的咖啡豆之外，米屋號所引進的豐田咖啡，應該是日本咖啡界首次有臺灣豆進入市場的先例。這次的接觸，或因此引發了五年後（一九三三年時）的契機，柴田文次踏上臺灣島，先在嘉義紅毛埤設立咖啡農場，之後再選擇嗄嘮吧灣大盆地（泰源盆地），做為木村咖啡店在東部咖啡事業的根據地。

---

⑮ 臺灣總督府殖產局農務課，《東部開發計畫關豫備調查》，大正十五年版。參考附錄「臺東地區五年及十年計畫開墾地區與面積表」。

⑯ 臺灣總督府，《東部兩廳こ於ケル會社及事業調》，昭和十二年六月二十八日版。

⑰ 臺灣總督府殖產局農務課，《山地開發概略計畫調查書：臺東地方》。李文良，〈帝國的山林ヌー日治時期臺灣山林政策史研究〉，國立臺灣大學歷史學研究所博士論文，二〇〇一年十一月。

⑱ 臺東阿內（安朔村），森永在此地設立大規模農場。昭和十二年六月二十八日版，臺灣總督府《東部兩廳こ於ケル會社及事業調》。

⑲ 當時日本的咖啡進口量與消費量已逐年增加，咖啡業者若能直接掌握咖啡的產銷面，更能提高利潤，所以有許多日本企業開始向外尋找栽培地，甚至輸出移民（如巴西）去種植咖啡。

臺東地區於一九三四年有木村咖啡株式會社在泰源盆地設立咖啡農場，一九三九（昭和十四）年又有東臺灣咖啡產業株式會社（木村咖啡株式會社所投資）在雷公火山區（電光、廣興山區一帶，有一處「咖啡山」地號名）設立日の出農場種植咖啡，農業技師櫻井芳次郎曾期盼東臺灣咖啡事業有遍地開花的一日，還樂觀預計將來有豐田、吉野、鹿野、玉里、瑞穗、舞鶴、知本及嗄嘮吧灣咖啡㉒等地方性咖啡豆品牌，但至此以後，櫻井氏所見並預言的咖啡事業成績，似乎也隨著太平洋戰事而步入消亡。

◎一九二〇年代創立的木村咖啡店，隨著事業版圖擴大，除了分店設立，也開始在日本海外尋找適合種植咖啡的地點，臺灣也為其中之一。圖為木村咖啡店（KEY COFFEE）在日本橫濱的創始店。

⑳臺灣省行政長官公署農林處農務科，民國三十五年版，《臺灣農業年報》。以歷年統計數據來看，大約在一九三九年以後咖啡耕種面積與產量有上揚情形，太平洋戰爭後則明顯下降。參考附錄「一九三七—一九四五年臺灣特用作物：咖啡種植面積與產量統計」。

㉑ポウリスタ（聖保羅，也有葡萄牙語「巴西」之意）咖啡株式會社在日本各大城市設有ポウリスタ咖啡屋，與日本喝咖啡風氣有很深的淵源，主事者水野龍一手創立皇國殖民合資會社，主要是引進日本移民到巴西從事咖啡種植，基於這層關係，巴西政府為感謝水野龍，遂免費三年提供咖啡豆給他，卻因此讓日本人喝咖啡的費用大為降低，水野龍也熱中咖啡推廣，興設ポウリスタ咖啡屋，直接造就了喝咖啡的風氣。

花蓮豐田咖啡豆評價

一九二八年十二月，花蓮港廳農會也曾寄了豐田村產的咖啡給當時銀座パウリスタ咖啡屋店主、大名鼎鼎的水野龍，可惜樣品豆數量過少，且是帶殼豆，パウリスタ公司雖無法判斷，但在回信上則有如下試喝意見㉓：

……

立即試用，只是由於量少，因而看不到完全的結果，大致上適合大量使用。以上。

原種多半屬阿拉伯（按：阿拉比卡）種，中美洲、夏威夷產、阿拉伯產、巴西產、哥倫比亞產等，不知貴單位使用何者？外表上，中美洲及夏威夷產相似；烘焙後近似巴西產者，但香氣似乎稍稍降低。總之，所謂的原種者是有相當的變化的。

以上的咖啡做為飲料的品質，比較優良的，在生豆調製上也可見到一些小缺點。第一，帶殼在當地幾乎是不可能交易的。外國原料全部要脫皮，當地的工廠裡沒有脫皮所需要的特別裝置，因為脫皮會削減五分之一的重量等種種不便。再者，烘焙加工之際，多所耗損，不明原因如何，尚需深入調查。最後，價格一升一圓左右，乃為向來之慣例，以一斤為準，外國原料每百斤（六十公斤）含十五圓十錢的輸入稅。每百斤一袋，當地價格從九十圓左右到一百零五、六圓左右。例如爪哇產的羅布斯塔咖啡，一擔（一百零二斤半）七十五圓以下。此處所說的當然是已脫殼者，貴地產如前幾天所寄達的樣品，價格似乎過高。

還有，我方若要進一步作完全試驗，至少必須使用百斤以上。關於價格及其他尚盼更詳細賜知。其次有關本年的收穫或概算，及貴地的消費狀態等，若能蒙一報則幸甚之至。

專事奉答，勞煩之處兼程拜託 謹啟

㉒《珈琲》（一九二九年）一書作者農業技師櫻井芳次郎提到的區域性咖啡品牌，很可能顯示當時這些地方已有少數人栽種咖啡。另外沖繩學者又吉盛清在《日本殖民下的臺灣與沖繩》中調查提到，花蓮北埔的日人移民聚落也曾有咖啡種植紀錄。

㉓櫻井芳次郎，《珈琲》，臺灣總督府，昭和年版，頁一五四—一五五。

日治時期臺南州的咖啡生產

臺南州下的咖啡事業

根據日人三宅清水[24]於一九三一年六月，對臺南州下[25]咖啡生產當時現狀有非常詳盡的報告，顯見臺南州在大正年間對特用作物咖啡的推行已著力甚深。三宅氏調查時，第一批老樹樹齡已達十八年生，可推測當時臺南州的咖啡樹最初試種於一九一三、一九一四年間（大正二、三），試驗地則位於嘉義郡竹崎庄舊村井造林地（後改為昭和株式會社的造林地），試種收成的咖啡果也曾送往日本內地試喝，頗受好評。此外，臺南州下十二至十三年生的咖啡樹，則是一九一八、一九一九年（大正七、八）時，從嘉義農事試驗支所分配移植而得，主要的栽培地有斗六、嘉義、新營、新化等山區，約有十萬九千棵[26]。其他還有北門、虎尾、北港、東石各郡少數農家，以及學校植物標本園區栽培。就樹齡來區分的話，又可分成一年生到十八年生不等[27]。根據這些數據判斷，臺南州地區大規模栽種咖啡應始於一九三〇年至一九三一年間。

[24] 三宅清水，〈臺南州下に於ける珈琲栽培狀況〉，《熱帶園藝》，第三卷，昭和八年版，頁一五－一八。

[25] 濁水溪以南、二層行（二仁）溪以北地帶。

[26] 三宅清水，〈臺南州下に於ける珈琲栽培狀況〉，《熱帶園藝》，第三卷，昭和八年版。詳細的地區與數量可參照附錄「臺南州下十二至十三年生咖啡樹主要種植區」。

[27] 三宅清水，〈臺南州下に於ける珈琲栽培狀況〉，《熱帶園藝》，第三卷，昭和八年版。可參照附錄「臺南州下咖啡樹齡與數目區分」。

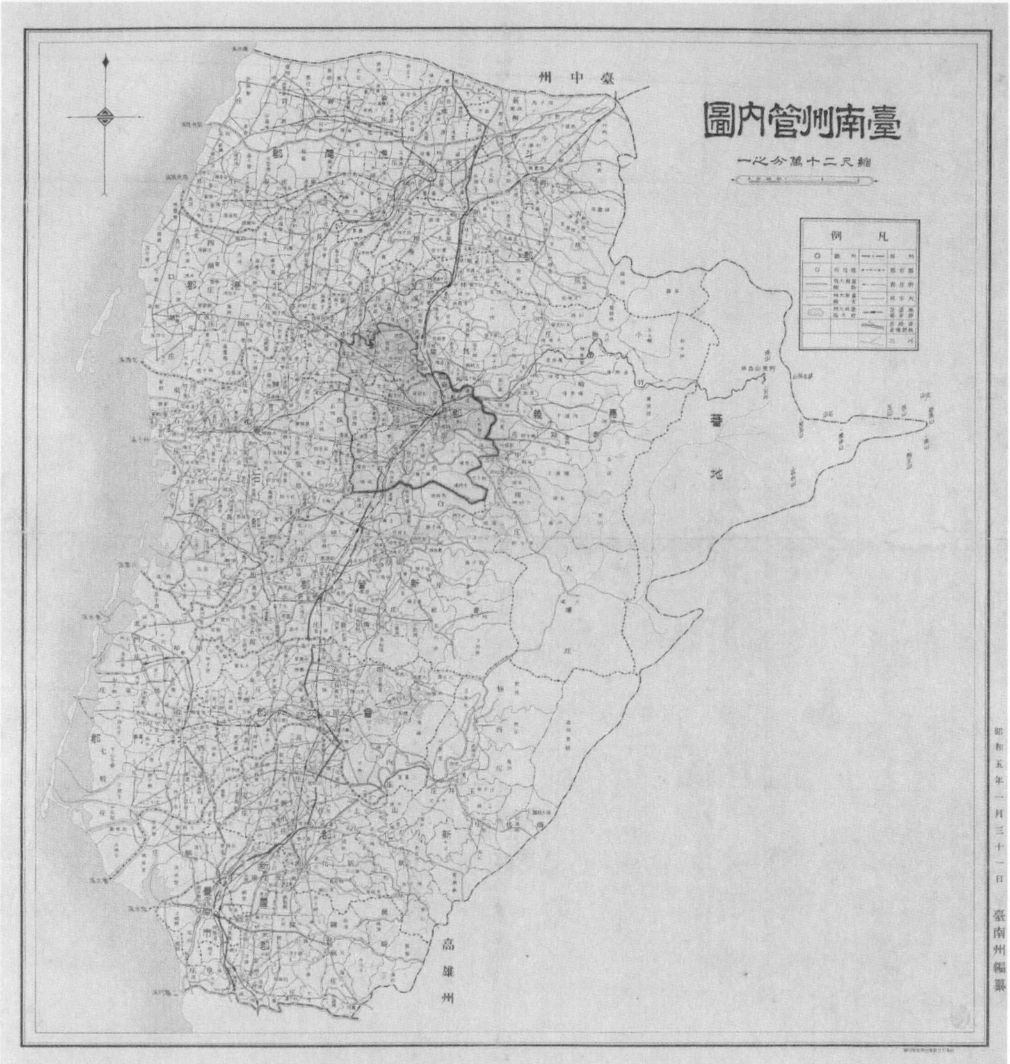

◎ 臺南州管內圖。

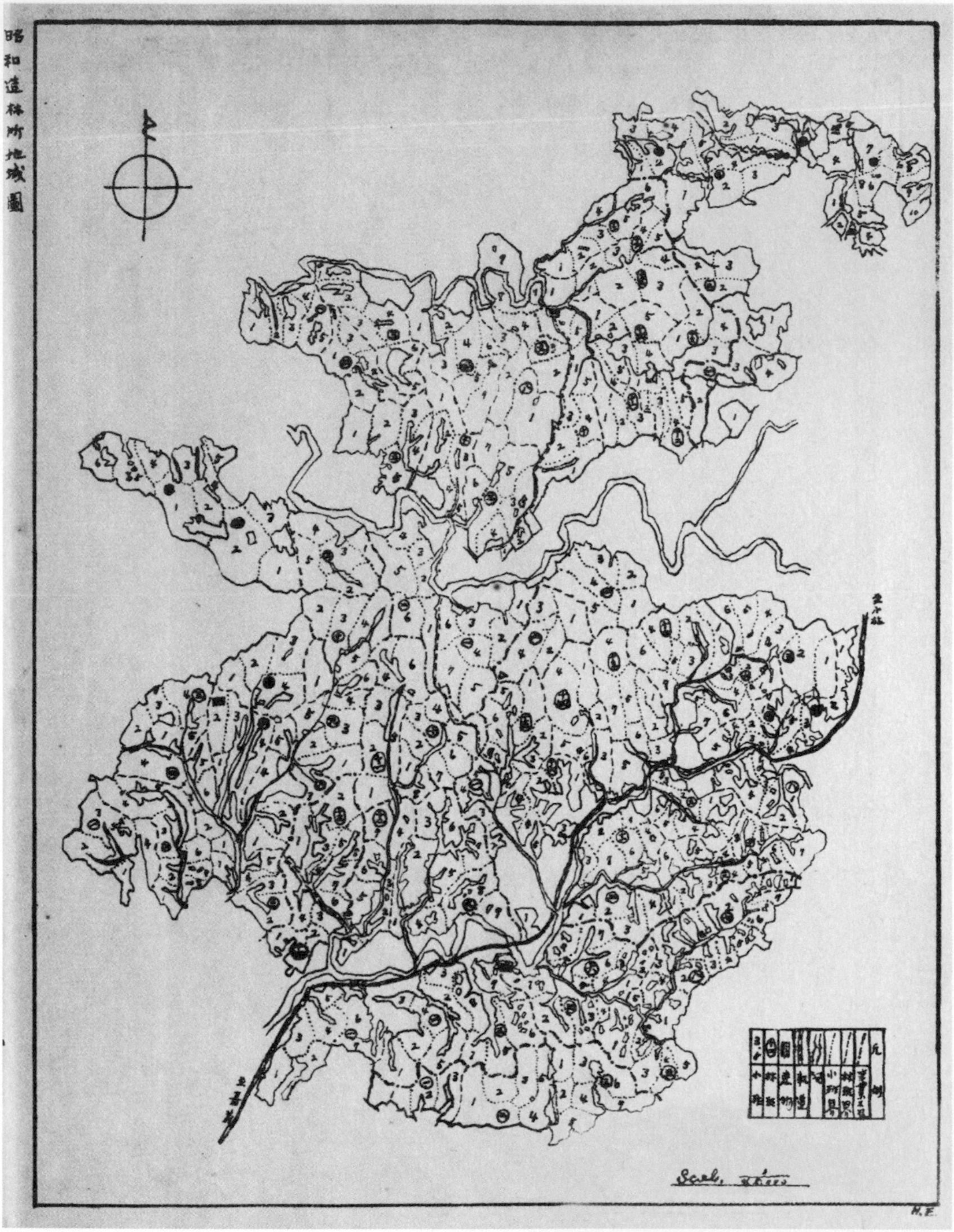

◎昭和株式會社造林所地域圖。

三宅氏也進一步提出紀錄，就五年生以上的咖啡栽培地、栽培數量、樹齡、以及種子和幼苗來源如下表：

栽培地	數量	樹齡	栽培者的種子與幼苗來源	栽培者住所及姓名	備註
臺南市錦町三，二	三	五	臺南市外桶盤淺安武氏	臺南市錦町三，二 草間三郎	大約在今日的臺南市民生路一帶。
臺南市本町三，一〇五	二	五	同上	臺南市本町三，一〇三 矢頃為次郎	大約在今日的臺南市民權路一帶。
臺南市竹篙厝農場	六〇〇	五	嘉義農事試驗支所	臺南州農會	原臺南州農事試驗場，今為臺南區農業改良場，臺南市林森路一段一帶。
嘉義農林學校第一農場	二五	八	昭和造林株式會社	嘉義農林學校	
嘉義林業試驗支所	六二	一二	恆春林業試驗支所	嘉義林業試驗支所	約今日嘉義樹木園。
嘉義農事試驗支所	一〇〇	一三	布哇（夏威夷）	嘉義農事試驗支所	夏威夷舊稱布哇共和國，所以是取自夏威夷的咖啡品種。嘉義農事試驗支所即今農事試驗所嘉義分所。
嘉義農事試驗支所	五〇	九	同農場產	嘉義農事試驗支所	同指嘉義農事試驗支所的農場
新化郡楠西庄苗菜宅	五〇	五	嘉義農事試驗支所	渡瀨同族株式會社	苗菜宅應是楠西鄉茳萊宅（有種植鳳梨的田地）一地之筆誤。但如今當地人似乎已無渡瀨同族會商在此經營農場的記憶。
曾文郡大內庄大內	二	五	不明	大內庄大內 楊仙得	楊仙得之故居老宅仍在大內後堀，當地有些耆老也記得這位後堀的楊仙得氏，不過楊氏的老厝已無咖啡蹤影。
嘉義郡竹崎庄獅子頭	五二	一八	布哇	昭和造林株式會社	竹崎庄舊村井造林地在昭和造林株式會社介入後，改為昭和造林地，是臺南州嘉義地區最早栽培咖啡的企業。
斗六郡大崙尋常小學校	二	五	（臺南）州農事試驗場	大崙尋常小學校教材園內	
東石郡六腳庄六腳	一	五	不明	六腳庄六腳 張象坤	

另外，三宅氏也將臺南州咖啡種植超過五百棵以上的企業與個人做出統計表如下：

栽培地	栽培數量	樹齡	栽培者住所及姓名	備註
臺南市竹篙厝二〇九，五九七番地	一三〇〇〇	二	臺南市役所	約今臺南市東門區東門路一帶。
臺南市桶盤淺五二，二番地	八五〇	四年生：一五〇 一年生：七〇〇	安武武雄	約今臺南市樹林街一帶。
臺南市鄭子寮二一，二番地	六〇〇	二	秋吉仁德 二四，一番地	傳說明鄭時期鄭子寮洲仔尾附近有鄭經的別墅。今成功大學公園路一帶，過去曾有成功大學「鄭子寮宿舍」名。
嘉義市山仔頂一二九，一	八三三	二	徐乃庚　山仔頂四五六番地	嘉義市仍有山仔頂地號名，靠近嘉義公園與樹木園一帶。
嘉義市山仔頂四六七番地	六五二	二	周哲　山仔頂四六七番地	
嘉義農事試驗支所	一五〇一	十三年生：一〇〇 九年生：五〇 四年生：一三五一	中央研究所嘉義農事試驗支所	
嘉義郡中埔庄中埔	五〇〇	二	田村菊三郎 嘉義市東門外二三九番地	嘉義林業試驗所在中埔有中埔研究中心。
新營郡番社庄大客字番子嶺三四	四四六五	二	內外食品株式會社 嘉義市軍店一二七	臺南東山舊稱「番社」，番仔嶺位於今東山科里村內。近年東山崁頭山仙公廟一帶也廣植咖啡，並以「東山咖啡」聞名。
新豐郡仁德庄崁腳	七一四	三年生：六四 二年生：六五〇	新豐郡役所新豐農事改良組合	今臺南仁德崁腳一帶。
新豐郡永康庄網寮	五〇〇	二	柴田壯十 臺南市大宮町二一，二二番地	今臺南網寮里，根據文獻所載，網寮乃鯽魚潭漁民收網之處。《臺灣紀略》中曾提到鯽魚潭採捕之利一事。

新化郡新化街知母義	一二一五〇	三年生：五 二年生：八〇〇〇 一年生：四一四五	安武捨次郎 新化街知母義[28]	今新化知義里。
新化郡楠西庄龜內	一三七五六	三年生：三三五 二年生：三四三一 一年生：一〇〇〇〇	臺南農林株式會社	楠西龜內應是楠西龜丹筆誤。
新營郡鹽水街岸內	一八〇三〇	一	圓善七鹽水街岸內	
嘉義郡竹崎庄獅子頭	六一四	十八年生：五二 二年生：五六二	昭和造林	即舊村井造林地，後改為昭和造林地[29]。
嘉義郡番路庄番路	一一七四四	二年生：六五四五 一年生：五一九九	內外食品株式會社	今嘉義番路鄉番路。當地仍可見日治時期的老咖啡樹。
斗六郡斗六街斗六	二〇〇〇〇	一	林靜淵　斗六街斗六	
斗六郡古坑庄溪邊厝	一五〇〇	二	圖南產業合資會社[30]斗六街	今古坑東和村。《瀛海偕亡記》中記載，一八九六年日警攻打柯鐵虎於溪邊厝、大坪頂。九二一大地震後，古坑因舉辦咖啡節再造社區而再現風華。
斗六郡石龜溪	一五〇〇	二	圖南產業合資會社　斗六街	

臺南州咖啡種植擴散的起點

南臺灣咖啡闢植的起點與多數的種苗，據三宅氏的資料，主要來源應屬嘉義農事試驗支所培植試驗的咖啡種苗。

昭和六年春，總督府殖產局技師澤田兼吉對臺灣咖啡栽培歷史的全面踏查中㉛，曾提到中央研究所嘉義支所的前身林業試驗場嘉義支場㉜，蒐集了各種有用樹木，其中現存的羅布斯塔（Robusta）咖啡樹，「傳聞是在大正四年栽種的」。

另林業實驗支所的一部分土地（原是野野村農園土地），則存留有與嘉義支場同時栽種的羅布斯塔咖啡樹三棵以及阿拉比卡（Arabica）咖啡樹四棵，全都沒有施以充分的管理，放任其自然生長。

而嘉義農業實驗支所的前身園藝試驗場嘉義支場㉝，則栽培有阿拉比卡、羅布

◎嘉義農事試驗支所，為今嘉義農事試驗分所，圖為具有南歐莊園風格的辦公室建築。

㉘ 知母義後來有成立新化農林場，為前安武捨次郎之安武農場改組，另兼併日人淺井貞太郎之淺井農場而設，當時已是臺拓會社的土地。

㉙ 獅子頭當地還有赤司農場。

㉚ 原三菱製紙所投資經營之圖南產業合資會社，戰後改組成立斗六農林場，並增加桐油、咖啡生產，還設製加工廠，並擴充茶園、植桐面積。

㉛ 澤田兼吉，〈臺灣に於ける珈琲栽培歷史〉，《臺灣農事報》，第二十九卷第八號，頁四一—五九。是殖產局技師澤田兼吉從昭和六年春開始調查的成果，並在昭和八年刊出。

㉜ 明治四十五年創立，今嘉義林業試驗所中埔分所，嘉義樹木園（植物園）為其管轄。

㉝ 大正七年七月創立，今農業試驗所嘉義分所，與嘉義樹木園相隔不遠。今所內咖啡試驗園中仍可見早期的老咖啡樹。

㉞ 澤田兼吉，〈臺灣に於ける珈琲栽培歷史〉，頁五五—五六。

㉟ 澤田兼吉，〈臺灣に於ける珈琲栽培歷史〉，頁五四—五五。

斯塔以及其他多數的咖啡樹母樹，部分是從士林園藝實驗支所（今士林官邸內園藝所）移植而來，但因為士林的播種時間是一九一九年，所以澤田氏推測移植的時間為隔年的一九二〇年（大正九）[34]。

若從一九三五年至一九三六年當時一至三年生的咖啡樹有大量種植的數據來看，今雲林、嘉義及臺南一帶咖啡苗栽的散播點，應屬嘉義農事試驗支所。其品種除了擁有與昭和造林株式會社同移自夏威夷的咖啡樹種，另外也可見來自士林園藝實驗支所培育的咖啡苗木。若加上恆春熱帶植物殖育場（原恆春林業試驗支所併入的樹木園）的品種，則包括了當時阿拉比卡、羅布斯塔和賴比瑞亞（Liberica）等三大品種[35]。

◎嘉義農事試驗分所咖啡品種保存園。

◎士林官邸平面圖，咖啡標本雖無明顯的標示，但在園區內多走幾步即可找到。

◎走入官邸園區內幽靜的僻徑才能看見小徑兩旁分布的咖啡樹標本。

熱帶產業調查會後臺南州的咖啡種植情況

直到一九三五年十二月時，臺南州咖啡生產的地點與情況，仍維持過去澤田兼吉氏的調查基礎[36]，有關臺南州的種植試驗情況有：

（1）竹崎昭和造林所十五年生的咖啡二十株，但來源不明[37]。

（2）中埔庄頂輔的李提，在昭和四年取得恆春殖育場的三百五十株幼苗。同庄的張源興也從恆春殖育場取得幼苗一百株。

（3）鹽水港安武氏、園武熊氏從夏威夷輸入種子，二年生的苗木約有三萬株。

（4）臺南市農事試驗所從玉井庄和嘉義支所取得了三年生的咖啡三十株。

（5）臺南市農會農場由嘉義支所取了不少二年生以及五年生的苗木。

（6）臺南市州知事官邸，從玉井庄取得三年生樹苗數十棵。

（7）臺南市安武氏，從夏威夷輸入種子培育，五年生的咖啡約一百棵[38]。

（8）臺南市草間氏，從嘉義支所和臺南安武氏處，取得五年生的咖啡二棵。

（9）臺南市矢頃氏，由嘉義支所和臺南安武氏處，取得五年生咖啡幾株。

（10）玉井楠西庄的東京興農園第三農場，有夏威夷系五年生咖啡約十株，並種有來自嘉義支所的幼苗六百株。

（11）玉井庄松尾旅館從楠西庄獲得五年生咖啡一棵，種在庭園內。

（12）東石郡農業補習學校由恆春殖育場取得三百七十五公克的種子。

---

[36] 據《珈琲》（後改為《茶と珈琲》），第二卷十二號雜誌，昭和十年版，〈臺灣に於ける珈琲栽培歷史〉全文照刊，仍是澤田兼吉在昭和六年到昭和八年所作調查的舊資料。不過文章中有增加繪製臺灣咖啡歷史與銹斑病傳播相關地圖。

[37] 若據三宅清水在臺南州的調查，應是夏威夷品種。

[38] 若據三宅清水的調查，安武氏即安武武熊。

[39] 總督府殖產局農務課，《熱帶產業調查會調查書——珈琲》報告，昭和十年，頁二四—二五。

除此，受到一九二七年（昭和二）以後嘉義及恆春等試驗場試種咖啡成功的影響，加上一九三〇年臨時熱帶產業調查以及一九三五年熱帶產業調查會後，總督府逐漸對官有林野貸渡的放寬，幾年內也吸引日人企業或大型農場陸續投入臺南州內的咖啡生產事業。一九三五年度時，根據總督府殖產局農務課彙整資料，擁有五甲地以上或計畫增加的民間企業咖啡園經營者❸❾，計有：

農場經營者	所在地	面積（甲）	計畫增加面積（甲）	昭和九年生產量（斤）
木村咖啡農場	臺南州嘉義郡	10.73	181.68	1
安武農場	臺南州新化郡新化街	2.19	5.00	80
內外食品株式會社嘉義農場	臺南州嘉義郡	5.88		130
圖南產業合資會社	臺南州斗六郡斗六街	11.31	5.00	350
旗山拓殖株式會社	高雄州旗山郡旗山街	10.24		
朱萬成農場	高雄州岡山郡田寮庄	2.00	5.00	
日之出農場	高雄州屏東郡高樹庄	4.50		5
大和農場	高雄州屏東郡鹽埔庄	15.70	4.30	
木村咖啡農場	臺東廳新港支廳嗄嘮吧灣	20.90	548.00	
住田物產株式會社				
花蓮港咖啡農場	花蓮港廳瑞穗區舞鶴	152.10	250.00	5,094
林絹宗	臺中州彰化郡花壇庄	4.85		
林紹華	臺中州竹山郡竹山庄	0.67	2.00	360（？）＊

一九三五年種植咖啡五甲地以上或計畫增加的民間企業

＊原資料未能確定之數據

一九三五年五月，另有日人佐藤治稿對臺南州下一至六年生的咖啡生產情況所做普查得知包括臺南市、嘉義市、新豐郡、曾文郡、嘉義郡、斗六郡、新化郡等地合計總數七萬零九百五十五株，面積三十四．七六六甲㊵。是年，臺灣總督府殖產局農務課也將此數據併入熱帶產業調查成果中㊶。

官方除了一九三〇年至一九三一年間大規模的咖啡種植試驗外，民間的咖啡生產也逐漸進入量產階段。一九三七年度以後，臺南州呈現的收穫情形，大約可從農業特用作物一項之逐年統計中，得出年度總收成之量化成績㊷，一九四二年度栽培面積合計一七九．二一甲，也是臺南州最盛時期。

就以上現有資料彙整，一九四二年曾達到臺灣咖啡栽培量的最高峰，同年《臺灣經濟年報》對各地咖啡園經營有持續的調查，並指出當時的企業資本家投入臺灣的咖啡事業中，臺南州經營中等以上規模的農場還有木村咖啡店嘉義農場（一一七．三八六甲，臺南州嘉義市紅毛埤）、圖南產業株式會社農場（六九三．三八六甲）㊸等地。

但一九四三、一九四四年度後（昭和十八、十九），咖啡種植數量與收穫量逐漸下降，僅餘高雄縣、臺東縣以及花蓮縣的咖啡生產統計，臺南州已不見值得加總

㊵ 佐藤治稿，〈臺灣に於ける珈琲栽培の現狀と將來〉，《臺灣金融經濟月報》昭和十三年五月號，頁一一一八。

㊶ 總督府殖產局農務課，《熱帶產業調查會調查書——珈琲》，昭和十年，頁二三。但其中臺南州總面積尾數有四捨五入，從三十四．七六六升為三十四．七七甲。

㊷ 臺灣省行政長官公署農林處農務科，民國三十五年版，《臺灣農業年報》歷年統計資料彙整。參照附錄整理之「一九三七—一九四五年臺南州特用作物：咖啡種植面積、產量及價格統計」。

㊸ 日本橫濱木村咖啡店來臺經營咖啡農場，除了嘉義一地，當時還有木村咖啡店臺東農場（一百四十八甲，臺東廳新港郡都蘭庄高原。今泰源盆地內仍可見稀有的老咖啡樹）、東臺灣珈琲產業株式會社農場（五十六甲，臺東廳關山郡關山庄日之出農場，今電光、東興、廣興一帶山區）、臺灣珈琲株式會社農場（三十二甲，屏東地區）。臺灣經濟年報刊會編，《臺灣經濟年報》，頁四〇五。

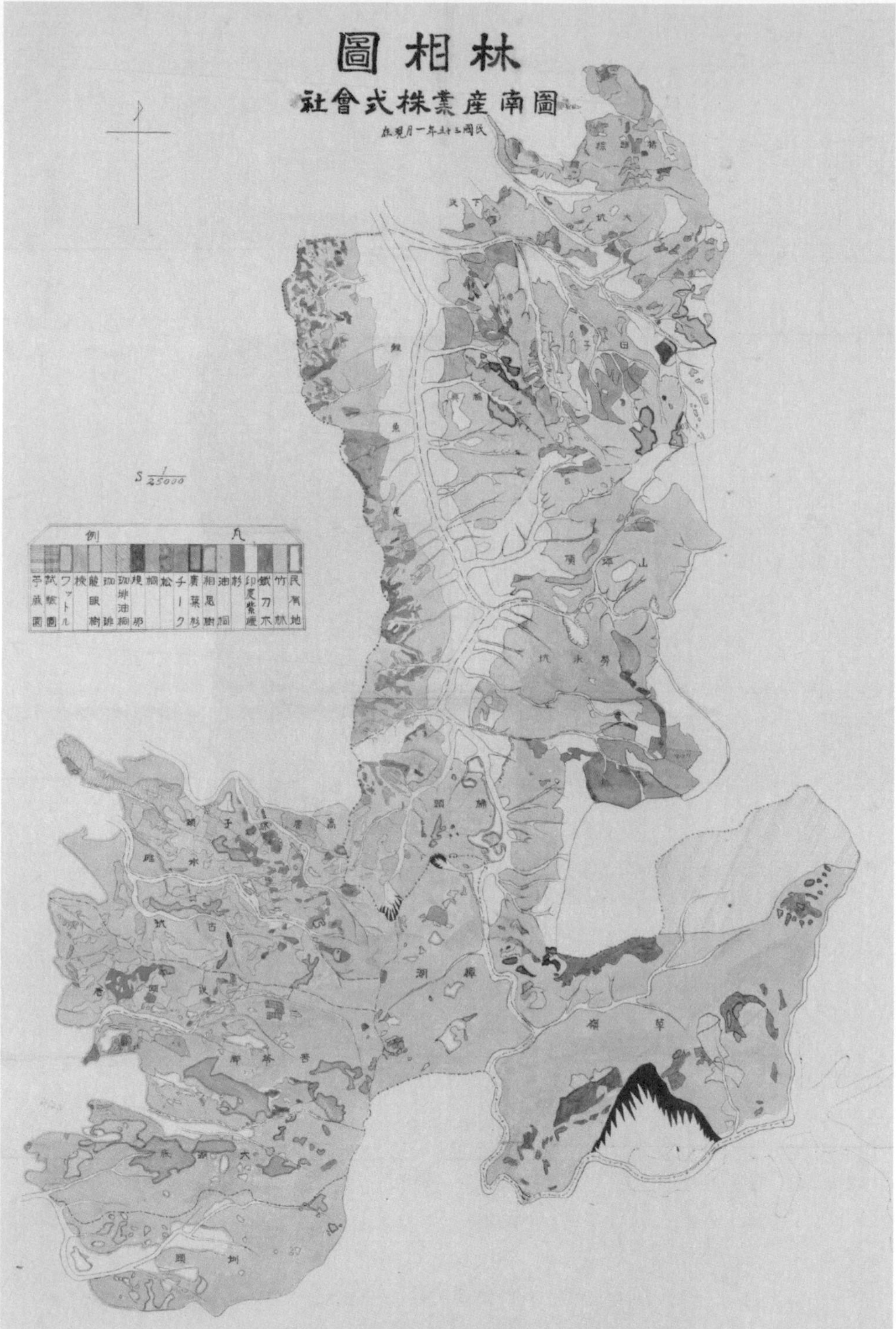

◎ 圖南產業株式會社林相圖，清楚記錄圖南會社經營種植的林相，咖啡為其中之一。

的經濟數據，太平洋戰爭爆發後確實造成民生影響，咖啡此種嗜好類特用作物，其重要性不如其他可充作工業原料或民生必需的作物，終究被逐漸捨棄。

◎東山咖啡產銷班一員之丹品咖啡園，二〇〇五年。

◎東山咖啡產銷班一員之丹品咖啡園區，二〇〇五年。

㊹劉千如、蘇彥碩、黃瓊瑩，〈臺南市東山咖啡榮獲美國咖啡精品協會精品級認證〉，《茶葉專訊》，第八十五期，民國一〇二年九月，頁一〇。

臺南東山咖啡節

二〇一三年臺南市政府舉辦「臺南市咖啡評鑑活動」，從二十四件臺南產樣品豆中採美國咖啡精品協會（SCAA）杯測辦法，評鑑出東山區「崁頭山咖啡館」、「高醇坊咖啡」及「村長庭園咖啡」等三件八十分以上的咖啡豆，並送至美國精品咖啡協會進行品質檢鑑，後由「崁頭山咖啡館」（八十二·一七總分）與「高醇坊咖啡」（八十二總分）獲得精品級認證㊹。

東山區的咖啡種植於海拔約六百至八百公尺的山區，早自日治時期就有鄉民從試驗農場取得種苗並施種，當古坑在九二一地震後尋找在地的產業復甦，東山的老欉咖啡種苗也得到啟發，古坑在二〇〇三年舉辦的第一屆臺灣咖啡節打響臺灣在地咖啡。節慶上的成功，也觸發臺南縣在二〇〇五年舉辦第一屆東山咖啡節，與雲林古坑競相爭豔。

不過除了八〇年代，要說起一九九九年至二〇〇三年另一波咖啡種植風潮，則不能遺漏臺南東山的咖啡種苗。據崁頭山上經營咖啡園的黃世賢表示（二〇〇五年），當地仍有日治時期遺留的野生樹苗，這部分若參照昭和時期臺南州文獻，可知當時「番社」（東山）有內外食品株式會社施種。另外戰後政府短期補助免費樹苗的推廣以及八〇年代民間推廣一時的契作都讓東山留下不少的咖啡遺孤，黃世賢栽培後的種苗也曾供應豐原、關廟、臺東、甲仙、旗山、三民、六龜等地。

臺南東山咖啡的品質因咖啡農的努力已有顯著成績，生產面積約有一百五十公頃，讓上山的縣道 175 有著 「咖啡公路」的美名，近年更結合在地特色產業炭焙龍眼與橘子，推出「咖啡紅了、橘子綠了」節慶，打造咖啡故鄉另一種風情。

昭和時期（一九三五—一九四五）咖啡事業再興

臨時產業調查會以及熱帶產業調查會

一九二九年（昭和四）世界經濟大恐慌之後，日本被排除在世界性經濟區域整合外，臺灣總督石塚英藏在臨時產業調查會舉行前夕曾公開談到召開會議的必要性，即指出「……國際經濟戰愈益深刻，國內產業充實之研究愈為迫切，本島產業設施與經營需改善之處甚多，應就重要方針予以研鑽考覈……」❶隨後十一月，臨時產業調查會舉行。會議中與農林業的調查，仍偏重於一般農業如稻米、青果、蠶業，或特用作物如糖業、茶葉等之改良與獎勵發展。另外在山林部分則集中於樟腦事業以及國有林的利用與開發。有關熱帶產業之咖啡一項，當時雖非重要項目，但國際局勢以及日本的農業政策的轉變，也將臺灣原以米糖為主的農業方針帶向不同的方向。

其次，一九三〇年（昭和五）當時因日本米穀大豐收，為阻止米價下跌，防止農村破產，日本乃施行米穀管理政策。雖然臺灣舉行臨時產業調查會時仍以增產米

❶ 一九三〇年七月二十六日《臺灣日日新報》。

❷ 小林英夫著、許佩賢譯，〈從熱帶產業調查會到臨時經濟審議會〉，《臺灣史研究一百年：回顧與研究》，臺北：中央研究院，一九九七年十二月初版。

❸ 張宗漢，《光復前臺灣之工業化》，臺北：聯經出版，一九八〇年五月初版。

穀為目標，但幾年後仍免不了遭受波及。

一九三四年（昭和九），日、荷兩國協商蘭領東印度的貿易摩擦破裂，日本乃積極備戰南進，「臺灣的南進據點化」也更加明確❷。臺灣地理接近華南和南洋，為將臺灣導入工業化，必須擴大臺灣工業與貿易範圍，經由華南及南洋等地區獲取工業原料，臺灣的地位就相形重要❸。

此種情形在臺灣總督府所召開的熱帶產業調查會中，有如下說明：「本島為帝國南方要衝，一衣帶水與

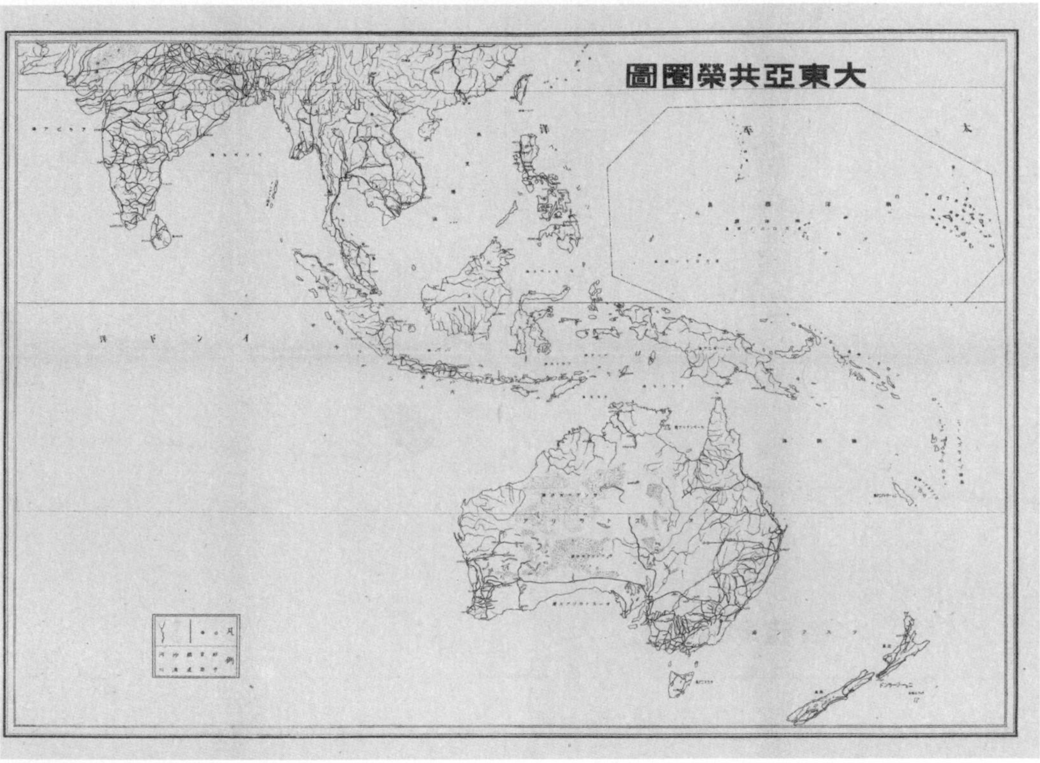

◎ 日本軍國主義計畫中的大亞東共榮圈圖，一九四二年。

◎澤田兼吉調查之臺灣各地咖啡栽培情形，一九三五年刊。

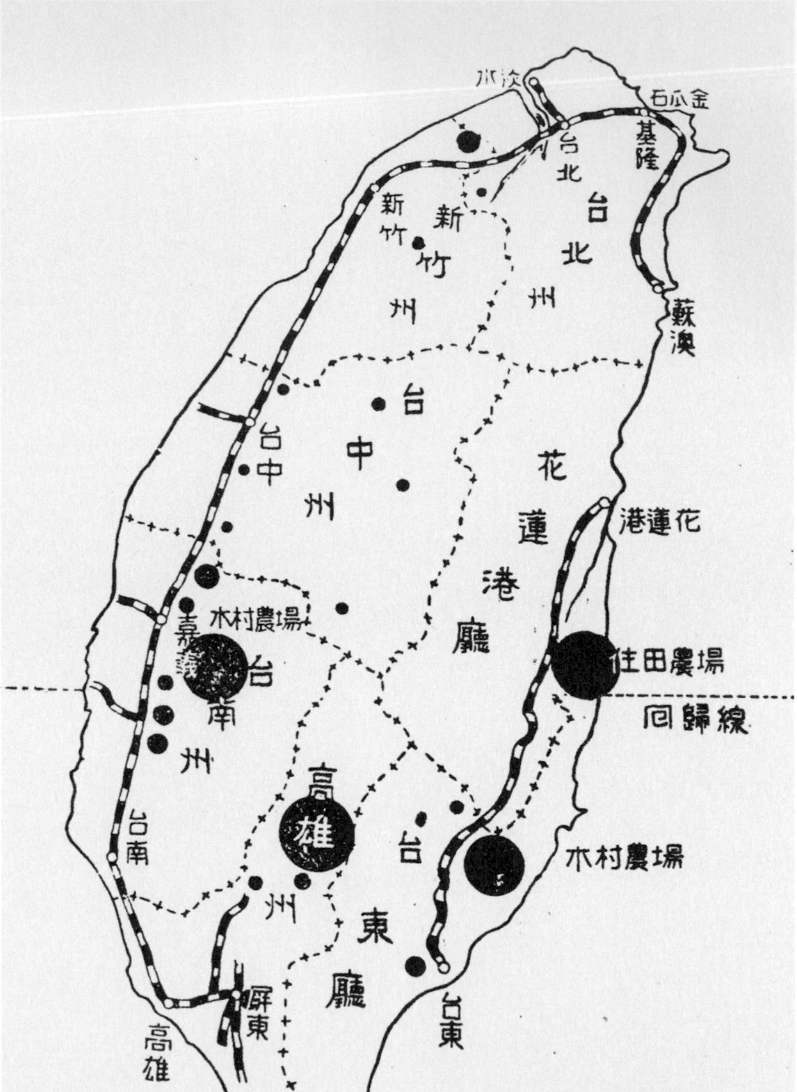

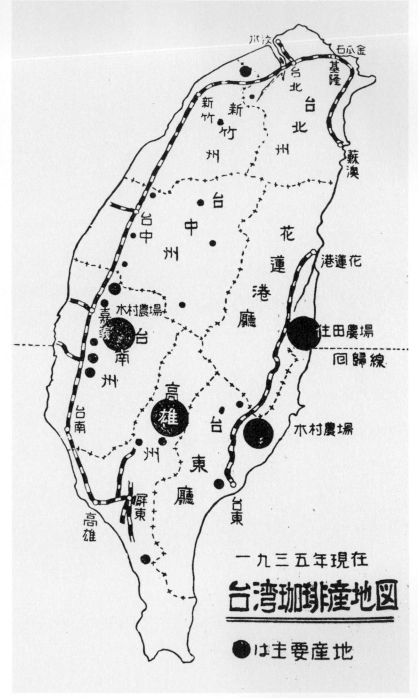

鄰邦中華民國相對，南方則與菲律賓、婆羅洲、法領印度支那、暹羅、爪哇及蘇門達臘等友邦殖民地相接，有形無形間互相關涉的地方極多。鑑於這種地理位置，應該對本島產業開發付出更多努力，同時，與這些南支．南洋地方在經濟上保持更密切的關係，尋求貿易的伸展，以期互相增進福利，這才是本島的使命……」❹從計畫說明中已可看出日本逐漸將共榮圈擴及華南與南洋地區。殖產局農務課在此次會議後，「咖啡」做為熱帶產業的一環，亦被放入編纂的調查書項目中。而調查書也詳細的整理出臺灣咖啡的沿革；歷年試驗成績、種植現況；日本內地以及南洋各地供需現況、貿易成績等等，以提供未來咖啡事業的方針與辦法。熱帶產業調查會舉行後，咖啡事業因有助於國際貿易收入，其生產與消費也越受重視。

一九三六年（昭和十一），日本逐漸對臺灣產米穀實施管制，抑止臺灣米的傾銷，並進行特殊課稅，以至於米穀減產。再加上之前一九三五年（昭和十）所舉行熱帶產業調查會，農業已趨向改植或戰備所需、賺取外匯之農作物，或可供應工業原料之特用作物❺，咖啡已是重點栽培的作物之一。而且此時山地開發的聲浪也促使山地調查計畫重新展開，一九三七年（昭和十二）「山地開發調查要綱」更將咖啡列入海拔兩千公尺以上的山林地可能栽植的作物之一。

一九三〇年以及一九三五年兩次產業調查會的舉行，雖然宣示的意味較實際運作為大，但咖啡的種植事業已是不可同日而語，據一九三七年統計，日本本國的咖

❹ 臺灣總督府，《熱帶產業調查書答申書．熱帶產業計畫要綱．熱帶產業計畫要綱說明書》，臺灣總督府，一九三六；引自小林英夫著、許佩賢譯，〈從熱帶產業調查會到臨時經濟審議會〉，《臺灣史研究一百年：回顧與研究》。

❺ 如棉花、亞麻、黃麻、苧麻、鳳梨、香蕉、柑橘、咖啡、可可等。

啡消費量已是一九一一年至一九三一年（明治四十四—昭和六）二十年間的八十倍，二次大戰前，一九三〇年代的咖啡事業是否能在臺灣種植、推行成功，更關係著咖啡業者的原料來源以及生產成本，雖然官方的熱帶計畫著眼於戰備策略，但如果以當時的調查書或澤田兼吉等人的調查來看，實際上民間的咖啡生產事業已如火如荼的展開了。

澤田兼吉重新調查以及其他相關報告

澤田兼吉於一九三一年曾對全臺咖啡栽種情形，做了一次全面性的蒐羅整理，除了前述章節中對臺灣咖啡起源與歷史的部分著墨不少❻，另外對臺灣各地咖啡栽培情形也有非常詳盡的紀錄（譯文並註）❼：

（1）臺灣總督府中央研究所農業部（臺北市富田町，今公館一帶臺大校區）

一八九六年（明治二十九）四月，全臺大致上已底定，在臺北、臺中、臺南三縣創設農業實驗場，同年十一月，廢止臺北的農業試驗場（原位於臺北市東門外街醫學校一帶，今臺大醫學院校地），被併入成為臺灣總督府農業試驗場，遷移到富田町，一九二一年（大正十）八月，成為中央研究所轄下的農業部。

❻ 本書前述〈重新調查後的臺灣咖啡足跡〉章節。

❼ 澤田兼吉對咖啡作全面性的調查〈臺灣に於ける珈琲栽培歷史〉一文，曾發刊於幾處刊物，如《臺湾ニ於ケル珈琲ニ關スル資料文獻集》，昭和八年；《臺灣農事報》，第三二一號，一九三三年（昭和八）八月；昭和十年第二卷第十二期《珈琲》回顧臺灣咖啡起源與歷史特刊。由於澤田調查到出刊、重刊，之間涵蓋四年時間的變化，其所指的現今是指昭和八年（一九三三年）刊載期間而言。

◎位於臺北富田町的中央研究所農業部試驗場。

如果根據田代安定的記載，一八九七年（明治三十），橫山技師（指當時任職民政局的技師橫山壯次郎）很可能將冷水坑採集到的苗種，播種在臺北的農業試驗場。這是日人在臺灣栽培咖啡的開始，當時栽培的場所，有可能就在臺北市東門外，並在那裡培育了一部分樹苗。一九〇二年（明治三十五）四月，恆春熱帶植物殖育場成立時，被移植到恆春豬勝束母樹園，翌年（一九〇三（明治三十六））移植到港口母樹園，七月移植到高士佛母樹園，一部分則被留在臺北東門外❽。

臺北農業試驗場遷移到富田町時，咖啡樹也一起被移植。一九一三年（大正二），又將它移植到別的田圃時，有人進行剪枝，將剪下的枝幹做成約十根相

◎原臺灣總督府中央研究所。

◎中央研究院農業部入口，一九二八年。

當粗的手杖。

（2）高雄州恆春

恆春熱帶植物殖育場（今墾丁國家公園內恆春熱帶植物園）在一九〇二年四月成立，並在豬勝束、高士佛、港口、龜仔角分設母樹園事業地。

如前項（1）所記，在殖育場成立的同時，將利用冷水坑游其祥田圃種苗，培育在臺北東門外的二百棵咖啡樹苗栽，移植在豬勝束事業所的田圃，同年四月更進一步從游其祥田圃獲得種子以及枝條，還從小笠原島輸入五合（〇・九公升）的種子，將它們播種或插枝，培育樹苗，然後在一九〇三年

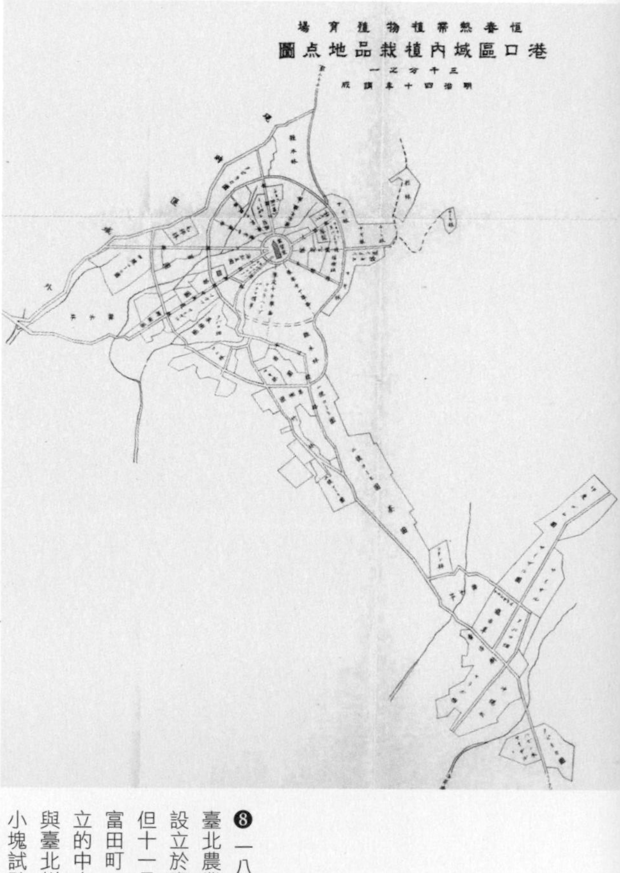

◎港口區域植栽品種地點略圖。

◎今恆春墾丁國家公園內殘留咖啡樹。

❽一八九六年四月，臺北農業試驗場最初設立於臺北東門外，但十一月時已遷移至富田町，不過後來成立的中央研究所其旁與臺北州廳之間的一小塊試驗場（今日的立法院）仍保留，若一九八七年橫山氏也參與採集的紀錄無誤，由於東門外的農業試驗場前一年底已被廢除，所以遺留的地點在未來成立的中央研究所旁小型農事試驗場比較合理。一九〇二年恆春熱帶植物殖育場成立，有二百棵的樹苗從臺北東門外被移植到恆春，當時東門外的咖啡種苗應該不足以應付，所以橫山氏再次受田代安定之託前去冷水坑採集，這時攜回的種苗仍被培植於東門外。各次採集的詳細過程可參照前述日日新報的採訪，但澤田氏在整理中似未考量到報紙的報導。

三月栽種。也因此，一九一二年（大正元）時，豬勝束事業地的咖啡樹已經高達三百二十棵，但現在（指一九三三年〔昭和八〕）已全部枯死。

在港口事業地，一九〇三年栽種了在豬勝束事業地所培育的臺灣產樹苗，更進一步在同年五月栽種小笠原島產的樹苗。同年還從爪哇購買、播種約一英斤（英鎊）的咖啡種子，培育出約九百棵的樹苗，購買小笠原島產種子，播種培育出約二千棵的樹苗。一九〇四年（明治三十七）六月，將夏威夷產的七百棵樹苗栽種在四反步（一反三百坪）的田圃裡，之後逐步加補栽種，一九一二年的咖啡樹數量為臺灣種八百棵、小笠原島種二千八百六十棵、夏威夷種八百棵、巴西種一百六十棵。雖到在一九三一年時減少相當多；但田圃裡，還是有一千五百零二棵咖啡樹。直到現今這些咖啡樹幾乎被閒置著，完全不採收種子，所以自然落下的果實經發芽，長出許多的樹苗。

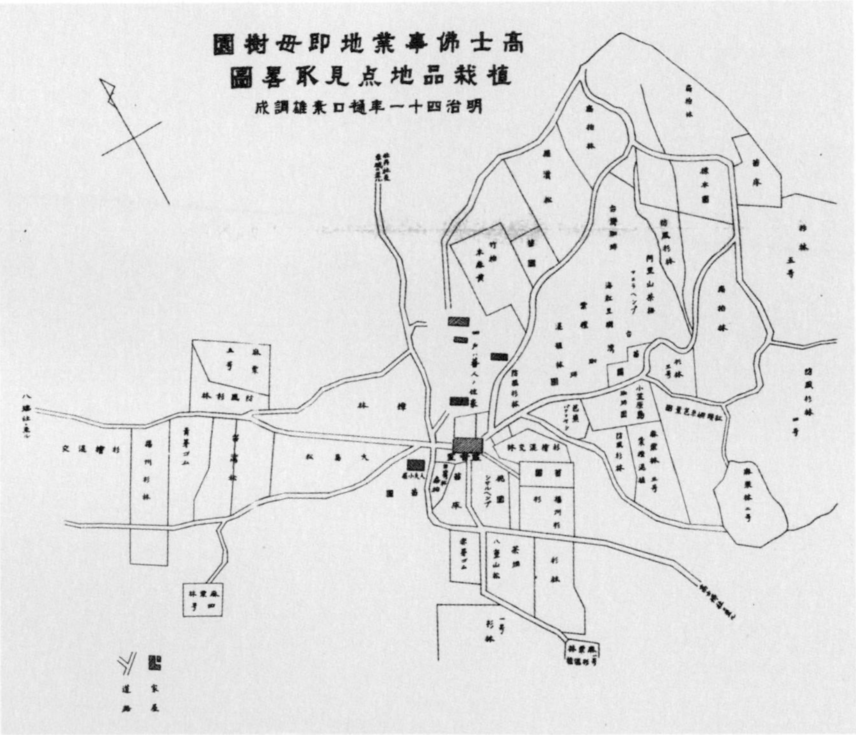

◎恆春熱帶殖育場高士佛事業地母樹園平面略圖。

在高士佛事業地，一九〇三年七月栽種了約二百一十棵小笠原島產咖啡，臺灣種一千二百二十五棵。到了一九一二年當時，小笠原島產已剩二百棵、臺灣產一千二百棵，一九三一年當時，約四反步的田圃裡，有七百一十棵咖啡樹。但現今幾乎都已經被放置不管，種子自然落下發芽，從老樹到幼苗，雜然叢生繁殖著。還有因為果肉甘美，成為鳥獸的食餌，所以種子也被鳥獸搬運到非栽種地以外的地方繁殖。

在龜仔角事業地，從一九〇四年三月到十二月之間，將同一地所培育的六百六十棵小笠原島種咖啡樹苗栽種到約三反步的田圃裡，更進一步在一九〇五年（明治三十八）栽種九百四十棵樹苗，一九〇八年（明治四十一）栽種四百五十六棵樹苗。還有，在這裡除了阿比拉卡種之外，還栽種了賴比瑞亞種等咖啡樹，在一九一二年當時約一千九百棵；然後到一九一三年，在六町步（六甲步，約三千坪）的田圃裡，則存活有四千三百棵咖啡樹❾。

（3）臺東廳呂家以及太麻里

在臺東廳的呂家警察官吏派出所裡，有數十棵的咖啡老樹，相鄰的呂家公學校裡，有數十棵相同的咖啡老樹。又在同廳的太麻里公學校也有二棵、臺東廳官方宿舍裡也有數棵咖啡老樹。有關上述老樹的由來，在該地方幾乎沒有人知道。貴島豐智雖然記載說：是在一九一二年總督府殖產局所分配給的；但也有人說這早在明治

❾ 澤田兼吉，〈臺灣に於ける珈琲栽培歷史〉，《臺灣農事報》，第三二一號，一九三三年（昭和八）八月，頁五三—五四。

❿ 曾任恒春廳長，參與並幫助田代安定設置恒春熱帶殖育場，後來調任臺東廳長，原住民抗日的七腳川事件即在任內發生，事件後七腳川部落被徵收為吉野移民村用地，吉野村森本咖啡園可能位置在今豐田社區附近的山腳下大山社區一帶。

時代就有了。

呂家、太麻里公學校都是在一九〇五年四月成立的。當時的臺東廳長森尾茂助在一九〇四年六月到此就任，他之前的任職地是恆春❿。因為他將恆春的各種樹木移植到臺東，所以有人說咖啡樹可能也是他從恆春帶來，讓人栽種在臺東各地。如果是這樣的話，上述的咖啡老樹可能是在一九〇七年（明治四十）被移植至臺東。呂家派出所與公學校的咖啡老樹曾發生很嚴重的銹斑病，所以證明可能是從恆春殖育場所移植過來的。

（4）花蓮港廳豐田村以及其他移民村

花蓮港廳治下的咖啡老樹，栽種在豐田村、吉野村等地。還有聽說玉里的笹原某宅也有栽種。上述的咖啡老樹，樹齡約二十年。上述老樹根據記載，是從呂家或是從玉里、殖產局所移植來的。

上述移民村是成立於一九〇九年（明治四十二）當時，栽種在移民指導所的老樹，聽說

◎官營移民吉野豐田及林田村連絡圖，一九一九年。

是豐田村咖啡樹的母樹。

聽說林田村的咖啡樹是從豐田村移植來的，吉野村的稚齡咖啡樹是從豐田村或是從園藝實驗場嘉義支所移植來的。

吉野村以及豐田村的咖啡老樹，好像是開設移民指導所當時，從殖產局分配下來的咖啡樹。又從豐田村咖啡樹發生銹斑病一事看來，可能與恆春殖育場有所關聯，也或許與呂家的咖啡樹苗有關聯也說不定。

豐田村的船越與曾吉，在一九一七年（大正元），從夏威夷輸入種子，培育樹苗，加上原本的樹苗，栽種面積達七甲步（二八三三・一平方公尺）。

上述移民村的咖啡栽種，一時間不斷顯著發展成長，例如吉野村在全盛時期，栽種的棵數超過一萬棵，每年約生產二千二百五十公斤的咖啡。但從日本昭和初年開始，因為發生上述的銹斑病，遭受極大的打擊，終於無法阻止其蔓延流行，在一九三三年不得不砍伐所有受害的咖啡樹，放棄栽培事業。

（5）臺中州新社庄

居住在臺中州新社庄復盛的羅昂正，一九一一年去恆春旅行，從恆春熱帶殖育場獲得種子、樹苗，栽種在復盛，同時將一部分樹苗分給居住在同庄柚藤坑的詹阿沐。現今二人都各留有一棵咖啡樹。

（6）高雄州率芒社（今春日鄉士文村）以及馬雷茲巴（Maretuba）社

◎移民村林田南崗部落輕便鐵道，一九一九年。

在高雄州枋寮的番地、率芒社的番童公學校校園裡，約有一百棵咖啡樹。因為被栽種在相思樹老林下，與其他樹木參雜叢生，所以衰弱不健康。傳聞老樹是在日本明治末期，從恆春豬勝束事業地移植過來的。還有，在馬雷茲巴社也栽種有二棵咖啡老樹，聽說這也是從恆春移植過來的。

（7）高雄州旗山公園

在旗山公園的高處，栽種有四十一棵咖啡老樹，儘管沒有好好的加以管理，仍是長得相當好。該公園的管理人員表示，這是在一九〇九年當時，從恆春移植過來的。其中有一棵被栽種在旗山小學校的校園裡，當作是見本（參考）樹。這棵樹到現在雖然仍活著尚未枯萎；但因為完全沒有加以照顧，所以已經瀕臨枯死。

◎高雄州旗山郡第一公學校講堂，一九三六年。

（8）嘉義

中央研究所嘉義支所的前身林業試驗場嘉義支場⓫，在一九一一年創立，蒐集了各種有用的樹木，其中現存的Robusta 咖啡樹，傳聞是在一九一五年（大正四）栽種的。

還有，原林業實驗支所一部分，現今是野野村農園的地方，存留有與前者同時栽種的 Robusta 咖啡樹三棵以及 Arabica 咖啡樹四棵，全都沒有施以充分的管理，放任其自然生長。

此外，嘉義農業實驗支所的前身園藝實驗場嘉義支場，在一九一八年（大正七）成立，現在栽培有 Arabica、Robusta 以及其他多數的咖啡樹母樹，好像是從士林園藝實驗支所（今士林官邸內園藝所）移植過來的，但因為

◎原臺灣總督府中央研究所農業試驗場。

◎總督府林業試驗所正門口。

在士林的播種時間是一九一九年（大正八），所以移植來這裡，可能是一九二〇年（大正九）時的事[12]。

（9）中央研究所林業部

臺北中央研究所林業部前身的林業實驗場，在一九一一年成立，成立當時所栽種的樹木當中，有一棵咖啡老樹還活著。還有五至六年生的咖啡四棵，以及三年生的約有三十棵[13]。

中央研究所

一九〇七年（明治四十）度總督府以五年計畫，每年陸續撥出經費共五十五萬圓；明治四十二年中央研究所成立；一九一六年（大正五）機關分為化學部、衛生學部、釀造學部、動物學部及庶務部等五部；一九一八年，另將殖產局糖檢所劃歸中央研究所。以後總督府設立各地產業調查機構，如農事試驗場、園藝試驗場、茶樹栽培試驗場、糖業試驗場、種畜場、林業試驗場等，但無統一管理的上級機關，於是在一九二一年，調整中央研究所組織，將各試驗場合併，此時中央研究所有農業部、林業部、工業部、衛生部、庶務課，另農業部轄下有：士林園藝試驗支所、平鎮茶葉試驗支所、嘉義農事試驗支所、高雄檢糖支所、恆春種畜支所、嘉義種畜支所、大埔種畜支所；林業部下有：嘉義林業試驗支所、恆春林業試驗支所；衛生部下有：臺中藥品試驗支所、臺南藥品試驗支所等十一支所。

在澤田兼吉的調查中，中央研究所相關組織有栽培試驗咖啡最重要的地方可為嘉義林業試驗所。

---

[11] 今嘉義林業試驗所中埔分所，嘉義樹木園（植物園）為其管轄。該所大部分主要為 Arabica、Robusta 種以及其他品種，母樹主要移植自士林園藝支所。士林園藝支所的咖啡品種，於一九一九年開始播種，一九二〇年才移植至嘉義支所。

[12] 今農業試驗所嘉義分所，與嘉義樹木園相隔不遠。

[13] 另在一九一五年，福建省立甲種農業學校校長率學生參訪臺灣，當年十二月四日啟程，六日進基隆港，七日首先參觀小南門外林業試驗場之苗圃，根據謝鳴珂記述，就有「咖啡，錫蘭產；可供飲料」一項所見。

（10）士林（臺北州）

中央研究所士林支所在一九一九年培育的苗木，原種乃總督府農業部讓出，一九二四年（大正十三）正式栽植。

（11）高雄州潮州郡「瀨社」（ライ，今屏東縣來義鄉）

一九二二年（大正十一），星製藥株式會社於高雄州潮州郡之番社地創設「星幾那園」（星製藥株式會社的金雞納樹園），原前總督府技師田代安定任職於星製藥的技師，從爪哇引入規那樹同時，也引進咖啡種苗，而且也從恆春殖育場移植咖啡苗。一九三五年時星製藥因經營不善，導致咖啡苗場棄置，只剩下Arabica、Robusta種的咖啡老樹約一千多棵。另

◎星製藥瀨社（今屏東縣來義鄉）苗圃。

◎星製藥瀨社規那園。

外，一九二六年（昭和元）時，瀨社警察所從星製藥處取了三百株，再從嘉義支所拿了二百株，一部分種於派出所附近內山，其他則分配於管區內六個部落種植，但此地的咖啡染有銹斑病，應與來源地恆春殖育場有關。

（12）其他地方

其他臺灣各地植有咖啡的地點如下：

臺北州

1. 臺北市川端町馬場宏氏，從高雄州瀨社取得五年生 Robusta 種六十株，還在栽植中。
2. 臺北市川端町石井農場從總督府農業部取得幼苗三十株。
3. 石井農場也從嘉義支所取得六十株咖啡，移植在圓山附近的山地。

新竹州

1. 聽說馬武督農民會社有幾株咖啡老樹。
2. 新埔胡錫卿山腳下的柑橘園有十六至十七年生的咖啡樹。從臺北州鳳山地區移入⓮。
3. 平鎮製茶會社有四棵老樹，得自中央研究所士林支所的育成苗。

◎星製藥廣告，一九二〇年。

⓮ 此處似有疑問，可能是高雄州的誤寫。

4. 新竹小學校在一九二九年從中央研究所林業部取得幾株咖啡樹。

臺中州

1. 埔里社臺北帝國大學實驗林取得十年生咖啡樹三十株。該地內的製糖所宿舍旁也有零星的老樹⑮。據說竹山帝國大學實驗林（今國立臺灣大學生物資源暨農學院實驗林管理處）也有幾株老樹⑯。
2. 據說二水曾澤氏也有幾棵老樹。

臺南州⑰

1. 竹崎昭和造林所有

◎竹山台大農學院實驗林管理處內咖啡標本。

⑮一九一八年，總督府擴張一般藥用植物栽培試驗，如古柯樹、規那、咖啡樹、錫蘭肉桂等，選定南投廳五域堡蓮華池之山中（今林業試驗所蓮華池分所），設置林業試驗場附屬藥用植物栽培試驗地，其他還有農科大學演習林（今東勢林場、新化林場，後增設文山林場）、臺灣拓殖會社埔里社開墾地、桃園廳角板山、嘉義林業試驗場支場、嘉義社口庄星製藥會社藥草園、嘉義店仔口竹仔門安部農場等地，皆有藥用植物試驗栽培。今南投縣仁愛鄉內惠蓀林場過去為日本北海道帝國大學演習林第三示範林場（中興大學接管後取名能高林場，後更名為惠蓀林場），戰後播交中興大學，據其資料所示，場內咖啡樹引進的時間大約在一九一四年至一九二〇年間，可能與藥用植物栽培試驗的擴大有關。據一九三一年十二月十四日《臺灣日日新報》報導，演習林內留有四十幾株的咖啡樹，大致吻合澤田兼吉的普查，記者也認為埔里盆地沒有暴風侵襲之虞，是種咖啡非常適合的地方，做為家庭副業也非常有希望。當時埔里

十五年生的咖啡二十株，但來源不明。

2. 中埔庄頂輔（埔）的李提，在一九二九年取得恆春殖育場的三百五十株幼苗。

3. 同庄的張源興也從恆春殖育場取得幼苗一百株。

4. 鹽水港安武氏、園武熊氏從夏威夷輸入種子，二年生的苗木約有三萬株。

5. 玉井楠西庄的東京興農園第三農場，也有夏威夷系五年生咖啡約十株，並種有來自嘉義支所的幼苗六百株。

6. 玉井庄松尾旅館從楠西庄獲得五年生咖啡一棵，種在庭園內。

7. 臺南市農事試驗所從玉井庄和嘉義支所取得了三年生的咖啡三十株。

8. 臺南市農會農場由嘉義支所取了不少二年生以及五年生的苗木。

9. 臺南市州知事官邸，從玉井庄取得三年生樹苗數十棵。

10. 臺南市安武氏，從夏威夷輸入種子培育，五年生的咖啡約一百棵⓲。

11. 臺南市草間氏，從嘉義支所和臺南安武氏那邊，取得五年生的咖啡二棵。

12. 臺南市矢頃氏，由嘉義支所和臺南安武氏處，取得五年生咖啡幾株。

13. 東石郡農業補習學校由恆春殖育場取得三百七十五公克的種子。

高雄州

1. 鳳山郡大寮公學校，從恆春殖育場取得一百八十毫升種子，以及苗木五百

街的民居也形成一股種咖啡的熱潮，家家戶戶所見算來約有五百棵，可惜不知咖啡處理製法，只能任由結果。

⓰ 今在竹山臺大熱帶植物標本園辦公處內也可以見到幾棵咖啡樹。

⓱ 三宅清水有關臺南州下咖啡的調查資料大部分被澤田氏引用在報告中，但澤田氏的紀錄有些地方仍稍嫌簡略不明。

⓲ 若據三宅清水在臺南州的調查，安武氏可能即安武武熊。

株，於一九三〇年七月播種植栽。另屏東農事試驗場存有四年生咖啡約三十株。

2. 高雄市公學校從恆春殖育場取得種子一百五十公克，於一九三〇年播種。

3. 旗山郡田寮庄臺灣殖產會社，取得嘉義支所咖啡苗，已有三年生約一千二百株。

4. 旗山郡美濃庄大坑之營林署造林地，取得嘉義支所、恆春殖育場之咖啡苗，在旗山街營林署內育成約三千株。

5. 旗山街營林署內，有咖啡苗約一千株，乃由恆春殖育場和旗山公園的種子播種。而屏東農事試驗場約十年生的咖啡樹也有

◎日治時期潮州郡內埔庄老埤鳳梨農場，一九三三年。

◎老埤鳳梨農場，一九三三年。

數十棵。

6. 屏東郡日之出農場取得嘉義支所的苗木約八千二百株，並種於山地。

7. 潮州郡守官舍有數年生的咖啡一棵，從屏東農事試驗場取得。

8. 潮州郡老埤農場由嘉義支所取得苗木栽植，三至四年生的咖啡約有五百株。

9. 潮州郡水底寮，約五十棵咖啡種在私人住宅。

10. 潮州郡番地內獅頭公學校，一九三〇年取得恆春殖育場的咖啡種子三百七十五公克。

11. 恆春郡守官舍取得龜仔角事業地的咖啡苗，有十九棵五年生咖啡。

12. 恆春小學校有二棵五年生的咖啡。

13. 恆春墾丁種畜支所長官舍，種有五年生的咖啡樹約三十株，乃龜仔角的咖啡。

14. 恆春郡港口營林署造林地，取得港口林業試驗場二年生的咖啡苗五百株種植。

15. 恆春郡港口葉燈崎，取自港口林業試驗場的幼苗一千五百株，在山地栽植。

16. 恆春郡高士佛公學校，由高士佛林業試驗場取得十年生咖啡苗十五株、三年生約一百株種植。

花蓮港廳

1. 森本咖啡園在吉野村之山腰，種植咖啡苗，苗木由豐田村取得。

2. 瑞穗村之住田咖啡園，於一九三一年導入夏威夷和錫蘭島種子，播種在約三甲半的苗床，一九三五年時已經開始植栽。

3. 吉野村從嘉義支所取得咖啡苗數十株。

4. 林田村和豐田村獲得數十株的十年生咖啡樹。

5. 瑞穗溫泉有約十年生的咖啡二株。

臺東廳

1. 知本規那園有九年生的咖啡樹五株，從高雄州瀨社移植而來。

2. 臺東農事試驗場，取得呂家的其他種子，繁殖於標本園內。

以上是澤田兼吉對日本治臺之後，明治時期至昭和

◎吉野森本農場所種植的咖啡。

初期臺灣咖啡栽培的情形所做的全面調查。以後，一直到昭和初期的這段期間裡，雖然日人曾嘗試在臺灣各地栽培咖啡，但同時因為銹斑病的蔓延，以致這段期間的栽培，在各地都沒有良好的發展。

產業化的咖啡生產

一九三五年九月，總督府殖產局農務課提出咖啡相關報告⑲，是匯集了同年五月調查會對臺灣咖啡各地栽培狀況的統計，臺北州、新竹州、臺中州、臺南州、高雄州、臺東廳、花蓮港廳等全島整體的栽培數量與面積總計回升到六十四萬一千六百五十六株，面積三四一・三一甲⑳。主要由於過去一九二七年（昭和二）嘉義及恆春等試驗場試種咖啡的成功發酵，各地民間企業又陸續推廣開來。

至於企業投入生產咖啡的統計，除了東部花蓮港廳下舞鶴臺地大阪住田物產株式會社較早有成績之外，西部高雄州屏東高樹日之出鳳梨農場、臺南州嘉義郡番路庄內外食品會社鳳梨農場、斗六郡圖南產業農場（今雲林古坑咖啡即發源於此）都有數甲土地的種植，而橫濱市木村咖啡店的柴田文次，也開始在臺南州嘉義郡、臺東廳新港支廳盆地栽培。其中擁有大面積的民間農場或企業咖啡園經營者，也來到蓬勃發展的階段，如木村咖啡嘉義農場計畫從十甲地面積擴增至一百八十甲餘；住

⑲ 總督府殖產局農務課，《熱帶產業調查會調查書——珈琲》，昭和十年。

⑳ 同前註，頁二一四。

田物產株式會社在花蓮的農場也從一百五十餘甲增加到二百五十甲㉑。

跟循文獻史料紀錄，追蹤臺灣曾有過的咖啡種植陳跡，可以說一九一一年至一九一七年間，殖產技師田代安定實乃臺灣咖啡種植奠基者，自恆春熱帶植物殖育場設立之初，田代安定氏即引進臺北所發現之咖啡母樹，以後更因此在各地移植開來，滿州豬勝束、港口、高士佛、龜仔角等地母樹園首先試種，爾後在一九二七年試種成功後，亦因此拓展移植至臺灣各地林場、農事試驗場與農場（包括民間私人園地）。

但另一方面，一九三一年到一九三三年間的銹斑病流行開來，恆春各地、農業部田圃以及花東地區都染上此病，讓臺灣咖啡遭遇了第一次非常嚴重的滅絕，大量咖啡被伐除。這次引發傳染病的根源，判斷是從游其祥尖山栽培地取得的種苗所致。不過在三〇年代以後仍然吸引為數不少的企業商會投入臺灣咖啡的種植事業，應是日本與世界性的咖啡消費市場已經成熟。

從一九三五年的栽培數量統計中，很明顯的看出民間企業熱中的程度，而且曾經遭受銹斑病重創的花蓮港廳，到了一九三五年間，從種植數量的統計資料上，又可見到有重新振作、急起直追之勢，直至一九三七年時，花蓮港廳產量已經躍居全臺第一㉒，這也是臺灣咖啡事業再度重生的階段。企業投入咖啡農場的經營帶有配合官方「國產自用」政策的經營方針，以及經貿生意帶來的利益，為理解此一官僚

㉑ 同前註，頁二四。參照附錄「一九三五年（昭和十）大面積咖啡栽培企業與農場統計表」。

㉒ 花蓮港廳雖有銹斑病發生，但還未擴大影響咖啡的生產。

體制與民間企業合作的歷程，實有必要進一步探討。

日人企業家的咖啡農場經營

臺灣民間以自有農場經營形態種植咖啡，由東部移民村初聲試啼，獲得不錯的成績，甚至經營出自有品牌，此時銹斑病還未造成致命性毀滅。一九二七年後，由於各地試驗所咖啡栽培試驗陸續開花結果，日人企業家也看準臺灣適合種植咖啡的風土，陸續有企業投入咖啡種植事業，如高雄州屏東郡高樹日之出鳳梨農場㉓，嘉義郡番路庄內外食品株式會社，斗六郡圖南產業株式會社的農場等，都已有相當成果。一九三〇年，花蓮大阪住田會社在花蓮舞鶴臺地投入種植咖啡超過四百甲的農場，最能看出規模。爾後，橫濱木村咖啡店在臺南州嘉義郡、臺東新港郡都蘭庄高原，以及東臺灣咖啡產業株式會社（木村咖啡店投資）也在臺東關山郡日之出事業地進行咖啡栽培，有越來越多的企業家跨海來臺經營咖啡農場，據一九三八年（昭和十三）統計，臺灣咖啡栽培面積已達四二八・五二甲，收穫量七萬六千八百九十五斤，除了臺北州，新竹、臺中、臺南、高雄、臺東、花蓮各州廳都有咖啡的栽培。其中圖南產業株式會社的咖啡農場一直受到官方關注，與其知名的三菱會社母公司有關，首先可先做一概觀介紹。

◎鳳山郡鳥松鳳梨農場，一九三九年。

圖南產業合資會社（圖南產業株式會社）

一九〇八年十一月十二日，三菱在臺灣竹林設置事務所並承貸官有林地，同時在臺南州林內興建製紙工場為三菱製紙所；大正年間竹材原料逐漸減少，價格攀升，三菱製紙所為取得竹材製紙之資源，在一九一四年（大正三）一月先中止造紙事業，同時計畫以十年的時間造林開墾且改良竹林㉔，但也因為放領林地給當地原本生活在此地的農民，反而證明土地非農民所有，以至於十年放領時間一到，終釀成嚴重的衝突㉕。一九三二年（昭和七）圖南產業合資會社以資本額一百萬圓成立，合夥社員有三菱製紙所與東山農事株式會社。一九三五年圖南產業合資會社成功減資成為資本額五十萬圓的公司。一九三六年東山農事株式會社讓渡股權給三菱製紙所。而後圖南產業合資會社在一九三八年向總督府提出合併資本額十萬圓的斗六產業株式會社，並變更社名為圖南產業株式會社一案。一九三九年合併案變更通過，斗六會社解散，順利以「圖南產業株式會社」名稱成立，資本額六十萬圓。事業主要經營農業有油桐、咖啡、規那樹及其他一般農業；林業則有竹、杉、廣葉杉、松、相思樹及其他造林。此外還有桐油、咖啡、規那原料、松脂等製造加工與販售。據戰後接收資料一九四五年十月三十一日統計所示，種植咖啡的事業地共二一·四四二〇甲。會社種植的咖啡大部分為阿拉比卡種，始於一九三〇年斗六郡古坑庄，一九三四年開始有大規模的種植，一九三九年（昭和十四）種植在古坑庄高厝林子

㉓日之出食品合資會社在屏東高樹庄迦納埔（今泰山村）設置罐頭工場，日之出鳳梨農場為其所屬農場。昭和四年，農場的鑪竹氏種植中央研究所配發的一萬棵咖啡樹苗，至昭和八年已增長到三十三萬棵。除了迦納埔一區，昭和八年屏東農產試驗所也推廣至旗山郡六龜、甲仙、內門各庄及屏東原住民山區，陸續種下三十萬棵咖啡。

㉔圖南產業株式會社，《事業概況》，一九四五年十二月二十七日。自一九一五年（大正四）至一九二四年（大正十四）共十年，造林面積二千一百八十四甲，竹林改良面積三千一百二十八甲。

㉕稱「竹林事件」。

㉖同註㉔，《事業概況》。

頭荷苞山附近，區域主要為高厝林子頭及崁頭厝。而從圖南咖啡農場生產並經過挑選的咖啡豆，也委由臺北市池田商會與嘉義市藤井食料品店等販賣，品質不輸當時巴西產咖啡。

合併後圖南產業株式會社的組織[26]計有：

一、本店（臺南州斗六郡斗六街斗六），含總務課、業務課、會計課。

二、斗六事務所（臺南州斗六郡古坑庄崁頭厝），管理區域範圍為臺南州地區。

三、竹山事業所（臺中州竹山郡竹山街竹圍子），管理區域為臺中州地區。

四、勞水坑出張所（臺中州竹山郡竹山街勞水坑），管理區域為竹山事業所管區內一部分。

五、桐油工場（臺南州斗六郡斗六街大潭字社口）。

◎圖南產業株式會社竹山出張所（辦事處）。

根據此事業組織的地理位置，也頗為符合臺灣今日原生種咖啡的分布情形，會社本店在斗六街的位置，建物目錄明列本店包括斗六事務所與附屬建物兩棟，加上一棟第七號宿舍；保長部（保庄里）地段有宿舍第一、二、三、四、五、六、九、十、十一號，也是斗六圖南宿舍群今日僅存的八棟日式宿舍遺址，目前現況或燒毀或傾頹。斗六古坑庄崁頭厝斗六事務所則與近年知名的古坑咖啡節有所淵源，過去種植咖啡面積及於現今荷苞山、華山、樟湖十字關一帶，若從斗六事業所管內的事業分布來看，地號涵蓋崁頭厝、崁頭厝大斗坑、水碓大埔、高厝林子頭荷苞山、九車籠、

◎圖南產業株式會社斗六宿舍群現況。

◎東京帝大台灣演習林竹山事務所。

柴土地公、苦苓腳、內館、大湖底、松腳、樟湖十字關、草嶺外湖、林內等區域。

近年古坑咖啡口述歷史中的耆老黃耕子，家住苦苓腳，也是斗六事業所的雇員之一，其他同所雇員還有陳丙丁、張東海、張重、張炳圓、林天水、張程分、黃土榮、陳爾廷、陳樹木、高文進等人㉗。另外位在竹山街的竹山事業所，其管轄範圍在昭和年間咖啡普查的資料中，也曾出現竹山事務所的職員技師補（庶務會計）林紹華（戰後任管理人）種植咖啡的紀錄。甚至由東山農事株式會社併入圖南本店的昭和事務所，大致也與今日臺南東山咖啡的原生咖啡脫離不了關係。

圖南產業株式會社一九四三年到一九四四年（昭和十八—十九）第七期事業計畫顯示，由於軍需木材與勞力需求擴大，導致咖啡的生產減量，大東亞戰爭的步調已經逐漸影響咖啡的種植生產。一九四四年臺灣本島逐步走向要塞化，事業地供應松、杉、竹、雜木等軍需木材，咖啡種植生產已早一步停頓，待臺灣遭受空襲後，圖南事業地的採伐也全部畫上休止符。

內外食品株式會社

一九二七年創立於東京的內外食品株式會社，同年七月即來臺投資㉘，先開墾嘉義郡番路庄鳳梨農場，進行品種改良，隔年在鳳山郡鳥松庄也設立五百甲的鳳梨農場，並在高雄入船町設立臺灣事業所，及堀江町設立罐頭工場，其轄下共有長

㉗ 此處的人名與古坑耆老黃耕子口述歷史出現的人物有一些出入。人名依民國三十四年十二月二十七日圖南產業株式會社〈役員社員及從業員名簿〉所載列名。

㉘ 一九三〇年代開始接受總督府補助設立新式工場。

崎、高雄工場，以及嘉義、鳳山兩地的鳳梨農場等事業，以生產鳳梨罐頭與其他食品加工為主。一九三二年內外食品提出高雄工場、嘉義工場合併組成財團[29]，在嘉義街設立工場並與高雄工場合併，垂直整合兩地的農場與工場，已見擴張之勢。一九三三年鳳山郡重要物產分布圖中所示，鳳梨罐頭即為鳳山街最著名物產之一。一九三五年總督府與幾家大型新式工場企業主導臺灣鳳梨產業大「合同」，其中的主導者即是受總督府補助並互有投資的內外食品株式會社、臺灣鳳梨栽培株式會社[30]與東洋製罐

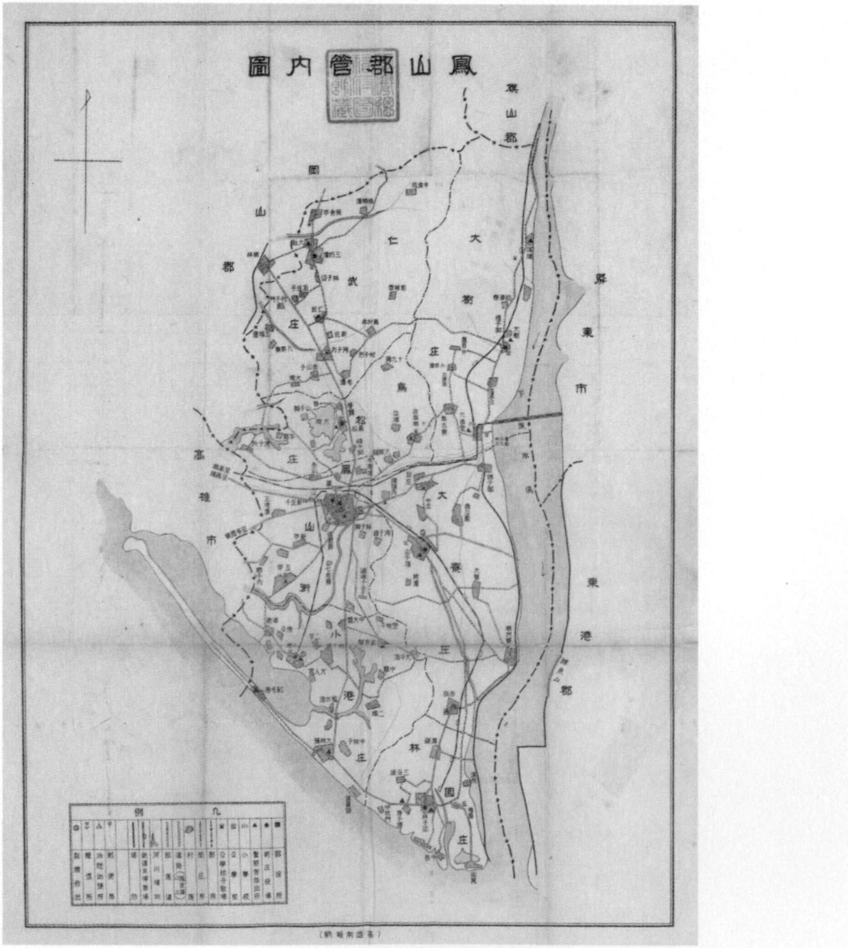

◎內外食品株式會社曾在鳳山郡鳥松庄設立鳳梨農場，圖為鳳山郡管內圖鳥松庄位置，一九三四年。

株式會社等新式工場。先是整併各大小鳳梨罐頭業者七十八間，以資本額五百萬圓成立臺灣合同鳳梨株式會社。民間的鳳梨農場也接續被整併成為合同農場，以資本額二百二十萬圓成立臺灣鳳梨拓殖株式會社。一九三六年臺灣合同鳳梨株式會社與臺灣鳳梨拓殖株式會社再度合併統稱為「臺灣合同鳳梨株式會社」（即今日的臺鳳股份有限公司）。一九三八年內外食品相關契作的鳳梨田已面臨地力貧瘠劣化的狀況，待鳳梨價格波動衰落後，嘉義地區原本種鳳梨的小作農民有大部分紛紛轉替木村咖啡店嘉義

◎內外食品遺留在嘉義番路鄉的咖啡老欉。

◎內外食品在鳳山郡內的鳳梨農場，一九三三年。

㉙《臺灣總督府府報》典藏號：0071031490a011。件名：工場財團（地方法院嘉義支部）。

㉚臺灣鳳梨栽培株式會社大正十四年七月十五日創設，資本額一百萬圓，農場位置在潮州郡內埔庄東北方東港溪岸海拔四百公尺的丘陵地，面積一千零三十二甲的鳳梨栽培農場，是大規模栽種鳳梨的先驅。昭和七年六月，在竹田庄西勢工場建立，開始生產鳳梨罐頭製品，外銷日本內地、滿州、朝鮮、歐美各地。昭和十年梨整併後，昭和十一年成功申請預約開墾賣渡，嘉義番路庄番路及轆子腳一〇．五一甲官有山林地，此即內外食品在合併當時先行讓渡的官有山林許可地。〈內外食品株式會社官有山林豫約賣渡許可地讓渡願許可ノ件〉，《昭和十一年永久保存第十三卷》，臺灣總督府檔案典藏號：00010374005。

農場種咖啡㉛。

據嘉義市西區培元里所載文獻，培元里俗稱「鳳梨會社」，日治時期的行政區屬白川町，區域位置大約由垂楊路、仁愛路、賢雅街與新榮路圍成，一九三二年合併的嘉義工場就在今天的嘉義市仁愛市場，鑵頭工場周邊原是一片草野，因會社的番路庄農場到嘉義街需運輸工具，大部分來自嘉義縣東石鄉海口的移民，即倚賴牛車替會社運送鳳梨維生，「鳳梨會社」聚落因此逐漸形成，戰後改稱培元里，並分出垂楊里。

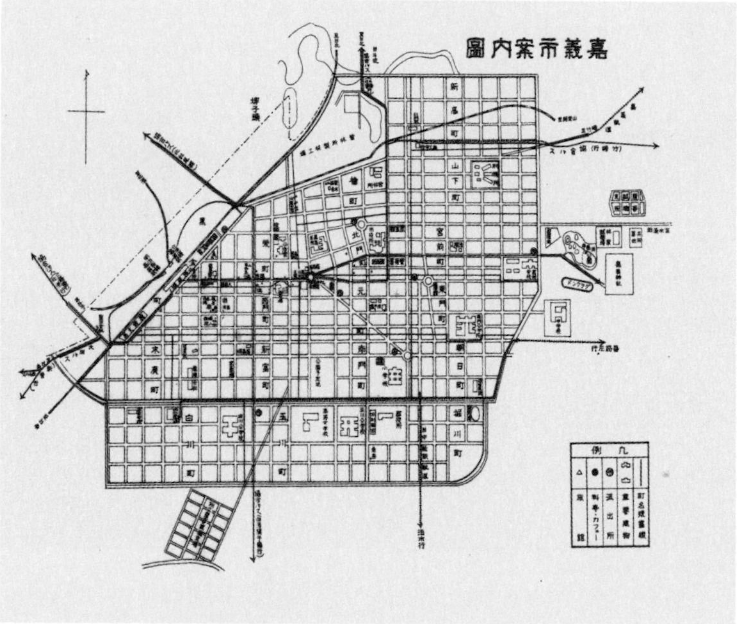

◎嘉義市白川町俗稱鳳梨會社，圖為嘉義市案內圖內，一九三六年。

㉛ 木村嘉義農場的小作農占二分之一是原先幫內外食品會社種鳳梨的農民。宗像完，〈臺灣ニ於ケル珈琲園經營ニ就テ〉，昭和十六年十二月，臺北帝國大學附屬農林專門部卒業報文。根岸勉治，〈栽植式珈琲園經營構造〉，《臺灣經濟年報昭和十七年版》，東京國際日本協會，一九四二年，頁四三七。

㉜ 〈大阪實業家ブラジルに金一千萬圓を投資して 日本村建設 購入土地は千五百町歩コーヒー栽培の有望地〉，《臺灣日日新報》，一九二六年十二月十一日。

㉝ 〈更生する東部地方 新港築造と農產試驗場設置で 產業的に大飛躍〉，《臺灣日日新報》，一九二八年十二月二十三日。

住田物產株式會社的咖啡農場

一九二八年（昭和三）起，住田株式會社社長住田多次郎開始頻繁進出臺灣，早先住田氏赤手空拳到夏威夷打拚，成為當地著名的實業家。一九一八年回日本後設立住田商會從事貿易，涉足事業包括食品及雜貨進出口、銀行業、仲介業、製冰業、農產業等。第一次世界大戰後，國際聯盟委託日本管理塞班島等太平洋島嶼，日本將之劃歸新成立的南洋廳。一九二三年到一九二六年期間（大正十二—昭和元），住田氏轉往塞班島成立以育成、栽培國產咖啡為事業主體的南洋コーヒー株式會社（大正十五年四月），並引進日本人移民至塞班島拓殖種咖啡，開啟咖啡事業，這也是塞班島最早的咖啡種植紀錄，當時在塞班島的大型企業還有南洋興發株式會社製糖工場，也兼種咖啡。一九二六年，也有東京特電新聞指出，大阪實業家準備投入一千萬圓資金購買土地一千五百町步，建設成為栽培咖啡的日本移民村[32]。

隨後一九二七年，住田氏在大阪以五十萬圓資本改組為住田物產株式會社。隔年，即看中臺灣東部發展潛力，認為與塞班島風土氣候接近，非常適合種植咖啡，頻頻考察東臺灣。一九二九年年底，東部農產試驗場在臺東街正式設立，下轄北絲鬮、新開園、舞鶴三苗圃，主要著手試驗栽培鳳梨、苧麻、芒果、柑橘、咖啡等熱帶植物與果樹，並且在交通與港口建設的同時，為企業投資東部提供有用資訊[33]。這一年住田氏與另外一準備栽培鳳梨的業者楨哲氏也同時提出申請，一九三〇年在

◎住田會社在花蓮鳳林郡內舞鶴臺地的咖啡園，一九三九年。

總督府評估下，將舞鶴臺地指定為適合咖啡的栽培地，住田會社隨即提出豫約賣渡申請，此時「官有森林原野豫約賣渡申請」合約與企業開發須遵循的「命令書」有簡略條款如下㉞：

官有森林原野豫約賣渡申請

土地所在 花蓮港廳瑞穗區舞鶴

一、原野 四百五甲六分六厘四毛貳系

希望開墾旱田

一年租金 一甲 貳圓拾錢

成功後賣渡金 一甲 四拾貳圓

以上為臺灣官有森林原野豫約賣渡規則，若遵守規則且根據起業方法書（另立）的設計而無違約，成功開墾後請豫約此地段售于我。

昭和5年　月　日

大阪市北區老松町一丁目貳拾一番地

住田物產株式會社

代表者取締役社長住田多次郎（印）

臺灣總督石塚英藏

㉞ 參照宗像完，〈臺灣ニ於ケル咖啡園經營ニ就テ〉，昭和十六年十二月，臺北帝國大學附屬農林專門部卒業報文，頁三三—三五。

㉟〈花蓮港廳下の咖啡栽培に就ては暴風と乾燥ぐ防設が施必要である住田物產會社社長住田多次郎氏談〉，《臺灣日日新報》，一九三〇年十二月二十四日。

㊱〈高雄州下のコーヒー十萬本銹斑病に罹る農會で大大的に撲滅計畫〉，《臺灣日日新報》，一九三三年八月二日。〈東部コーヒー樹の銹斑病驅除問題〉，一九三三年十月三日。〈コーヒーの強敵銹斑病の驅除決定二十七日から罹病樹全部伐除するに決定〉，一九三三年十一月二十八日。

㊲〈花蓮港廳下で咖啡の栽培事業大阪の住田多次郎氏資本三十八萬圓を投じ〉，《臺灣日日新報》，一九三〇年十二月十八日。〈舞鶴のコーヒー園將來大に有望九年度植栽面積は百三十三甲に及ぶ〉，一九三四年五月一日。

除了另附起業方法書、年度別股息分配表、實測設計圖等書表。本次申請提出後，總督府若許可，也要求企業者應遵守官方提出的命令條文。其命令文內容如下：

命令書

1. 開墾成功期限從昭和五年十一月拾八日起至昭和十一年十一月止，為期六年。
2. 地代金（地價）為 1 甲 42 圓，租金為每年 1 甲 2 圓 10 錢。但是期滿後租金以月計算。過了開墾成功期限後，取得成功賣渡（出售），返地（歸還土地）許可或取消許可時，期滿後 1 月起成功賣渡，返地，或取消許可 1 月以內徵收租金。繳納期限依照官方指定。
3. 臺灣官有森林原野賣渡規則第二十五條規定，工作物或其他物品必須在指定期限內除去，否則視作拋棄物。
4. 官方針對事業上或其他所提出的命令指示必須遵守。
5. 因天災或其他事變導致許可地產生異動時，應立即向花蓮港廳長提出，不得拖延。
6. 違反第四項第五項時，官方須下令還地。或因為公益或其他官方認為有必要時須下令還地。此狀況下產生之損害，官方應負起賠償之責任。
7. 許可地的所有權在賣渡許可後繳納完地代金後 1 日移轉。

◎今舞鶴台地之北回歸線紀念碑。

住田會社取得東部舞鶴臺地開發權利後，即投入三十八萬圓自有資本開墾四百零五甲的農場㉟。農場的組織編制主要委託花蓮港廳農會技手國田正兼任支配人管理農場，另有庶務主任井上兼，農務主任久米秀輝輔佐。

一九三〇年，住田氏認為舞鶴咖啡栽培地與塞班島氣候相似，也引入塞班島的阿拉比卡品種和爪哇的羅布斯塔品種，但一九三一年花蓮港廳咖啡銹斑病出現，蔓延情況嚴重，花蓮豐田村與臺東各地零星咖啡樹皆被廢除銷毀，一九三三年高雄州也無法倖免，當年底州內十萬株罹病的咖啡樹也遭伐除㊱。所幸住田舞鶴農場克服銹斑病的傳染，順利度過此次病害危機，朝向未來預想的開墾計畫經營㊲。

一九三五年，住田所產的咖啡豆已經可提供市場二十俵（袋）販售，初期產量雖不多，但已見花東地區的前瞻性㊳。這一年，臺灣銀行針對投資對象所做的咖啡事業調查，住田會社主要生產力紀錄有：耕種面積一百五十二甲，增植計畫面積有二百五十甲㊴。到了一九三六年底，住田咖啡農場栽種面積增至二百甲㊵，一九四一年（昭和十六）的統計，住田的農場咖啡種植面積已拓展至三百二十甲㊶。一九四〇年代以降，嗜好飲料咖啡的生產對日本發動的大東亞戰爭無甚助益，占臺灣咖啡種植面積比最大的住田咖啡農場，也在這場戰爭中招致廢棄的命運，一九四六年至一九四九年，臺灣的咖啡特用作物栽培面積逐年下降，一九五〇年已全無栽種與收穫紀錄。戰爭期間的荒廢至戰後歷經接收，住田物產株式會社在舞鶴臺地的咖

㊳〈鳳林に初て結實コーヒー二十俵を移出近く市場に賣出さる〉，《臺灣日日新報》，一九三五年一月八日。一俵為四斗，一斗為十升，一升約一千八百毫升。

㊴臺灣銀行臺北支店課桑原氏，〈投資對象トシテ見臺灣 タル珈琲〉，昭和十年八月。

㊵臺灣銀行調查課，〈臺灣ニ於ケル珈琲ニ就イテ〉，昭和十二年。

㊶同前註㉑，《珈琲》，頁四〇。參考附表「一九三五年（昭和十）大面積咖啡栽培企業與農場統計表」。

㊷〈花蓮港咖啡農場二百餘甲有待整復〉，《民報》，一九四六年十一月十日，第四版。

㊸臺灣史檔案資源系統，「珈琲ニ關スル調查」，檔案號：T0868_01_04087_0521。

㊹木村咖啡園為日本橫濱木村咖啡店柴田文次來臺投資的咖啡事業，透過嘉義農事試驗場與在金瓜石礦場很活躍的小松仁三郎居間聯繫在嘉義紅毛埤、內甕等地購買農地，當時小松氏曾與竹頭

啡農場由東臺產業公司接管經營，原本擬定五年計畫準備恢復咖啡種植生產，仍因經費與人力的短缺終致無力回天㊷。

臺灣銀行調查事件簿

另一方面，臺灣銀行針對栽培咖啡的貸借對象也進行相關調查，臺南支店在一九三四年相關資料顯示㊸：

名稱	住所	昭和九年現在栽培數量與面積				生產數量	增產預定	備註
		未生產		已達生產期				
		數量（株）	面積（甲）	數量（株）	面積（甲）			
木村コーヒー園（大谷貞次郎㊹）	嘉義市東門町三之三	27,225	10.7275	-	-	-	181.6804	所有土地約300甲，可能種植咖啡約200甲，現在約10甲已種植咖啡。
安武農場㊺（安武捨次郎）	新化郡新化街	7,200	2.1600	100	0.3000	80	5.0000	
內外食料品株式會社嘉義農場	嘉義市南門町	-	-	5,880	5.5000	130	-	臺灣合同鳳梨會社合併當時，調查者對未來發展如何還有疑問。㊻
黃茂能 ㊼	嘉義郡	2,000	1.0000	1,000	0.5000	10	-	
圖南產業	斗六郡斗六街	15,493	8.5184	4,012	2.7954	350	5.0000	
	合計	51,918	22.4059	10,992	8.8254	570	191.6084	

崎的飯田管合夥飯田農場（或稱小松農場）。《臺灣日日新報》一九三五年七月八日新聞〈試驗期を脱しうてる臺灣の咖啡栽培業〉即報導，昭和八年八月小松近三百甲的農場被橫濱木村咖啡店買下。昭和九年木村咖啡店除先整理出二百甲開闢嘉義農場之外，木村咖啡園的事業所位在嘉義新富町，應該也共同設立精製工場，而大谷貞次郎即為木村咖啡園的經理管理者，住所在東門町。臺灣銀行臺北調查課吉田行見在昭和十二年三月〈嘉義木村咖啡園視察記及參考事項〉一文也指出柴田文次在嘉義的農場面積二十甲之中紅毛埤占十五甲，內甕占四．五甲。原嘉義市紅毛埤與番路庄內甕今皆改制於嘉義市盧厝里。

㊺ 安武農場在三宅清水的調查文〈臺南州下に於ける珈琲栽培狀況〉已有紀錄。

㊻ 一九三〇年臺灣臨時產業調查後，經濟政策已朝向將小工場統合成為財團化的新式大工場進行，其中鳳梨罐頭業及鳳梨農場也在這一波統制政策的對象中。昭和十年六月與十二月分別將臺

隔年一九三五年八月的報告中，調查對象另加入木村咖啡園、圖南產業合資會社、旗山拓殖株式會社及屏東郡大路關的大和農場等涉足咖啡栽培的大型農場。

木村咖啡店的咖啡農場

在幾處咖啡農場當中，臺灣銀行對木村咖啡園特別重視，並不只一次派員到現場視察，相關紀錄分別在一九三五年八月臺灣銀行特派臺北支店課行員桑原氏員至嘉義木村咖啡園調查，與一九三七年三月調查課視察並二度做出報告㊽，雖有第一手的考察與評鑑報告，

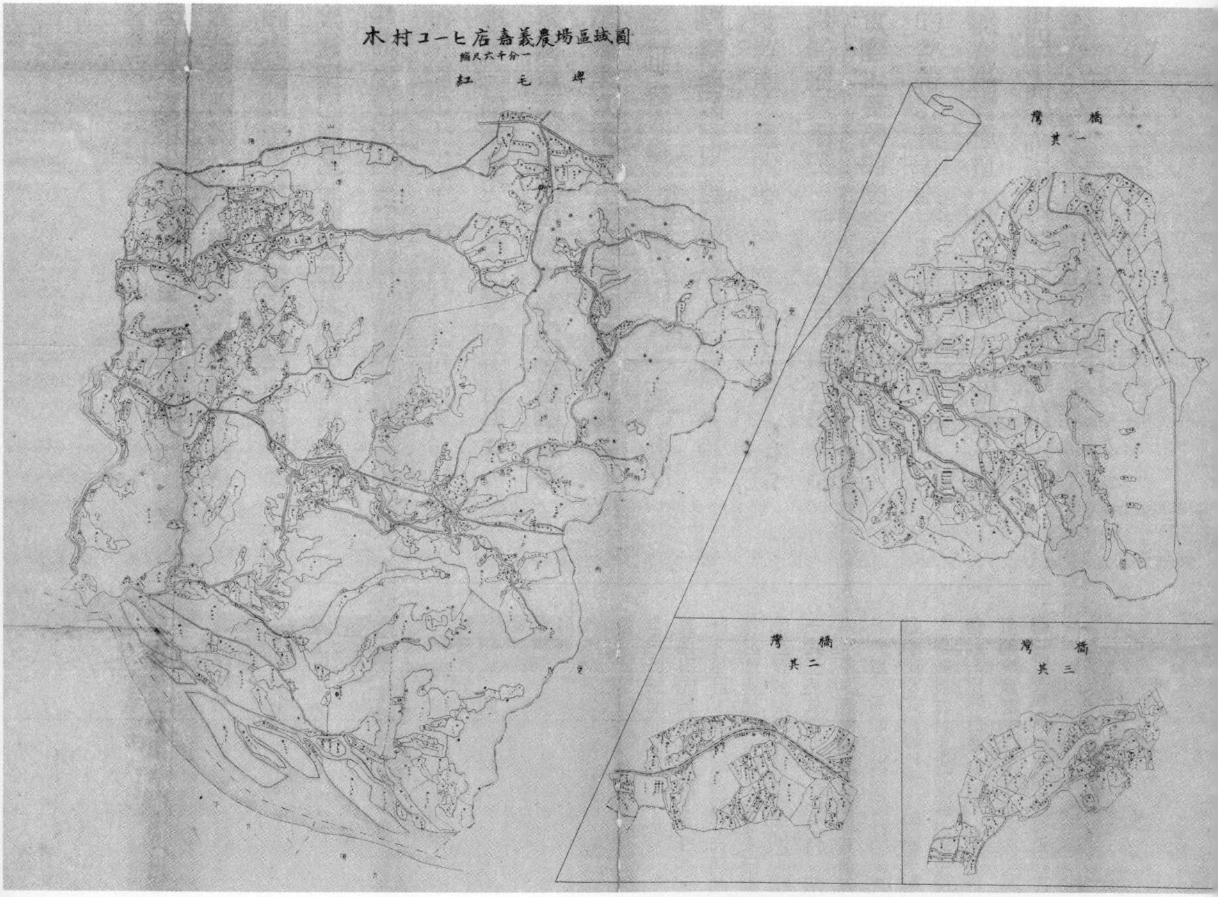

◎ 木村咖啡開拓的嘉義紅毛埤農場地圖。

不過要談木村咖啡園前，可先對木村咖啡店負責人柴田文次的事業體稍作了解。花蓮豐田村出產的臺灣咖啡寄贈給柴田文次品鑑後，品質評語雖不出中等的巴西咖啡範疇，卻也引起柴田氏的注意，希望未來以帶殼豆每百斤八十五圓、去殼豆每百斤九十五到一百圓的價格收購。可惜花蓮豐田等移民村的咖啡因銹斑病而招致毀敗，

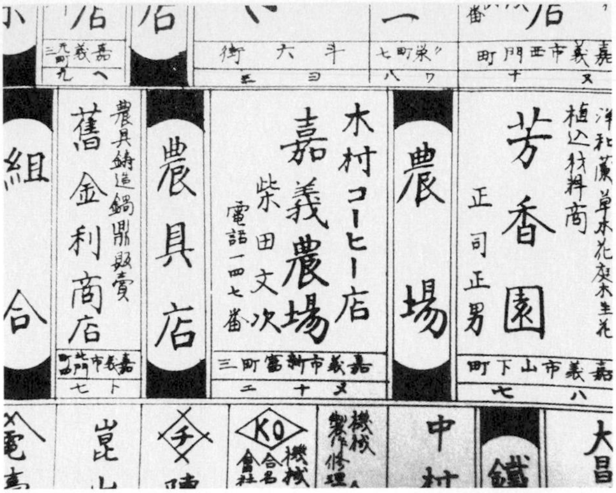

◎嘉義市新富町木村咖啡店農場資訊。

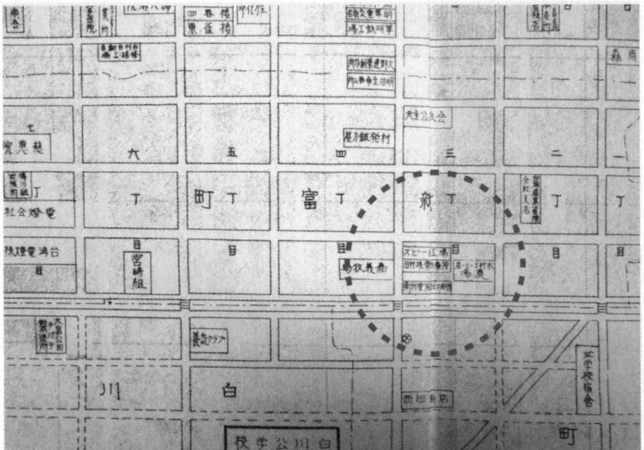
◎木村咖啡店在嘉義市區新富町的農場位置。

灣大小鳳梨罐頭工場與鳳梨農場「合同」，先是整併各大小鳳梨罐頭業者七十八間，以資本額五百萬圓成立臺灣合同鳳梨株式會社。民間的鳳梨農場也接續被整併成為合同農場，以資本額二百二十萬圓成立臺灣鳳梨拓殖株式會社。昭和十一年臺灣合同鳳梨株式會社與臺灣鳳梨拓殖株式會社再度合併統稱為「臺灣合同鳳梨株式會社」，亦即今日的臺鳳股份有限公司。其中大合同的主導者即是受總督府補助並互有投資的內外食品株式會社、臺灣鳳梨栽培株式會社與東洋製罐株式會社等新式工場。

47 黃茂能為嘉義中埔鹽館庄模範農民，昭和十一年十二月嘉義有一場農業懇談會，黃氏曾發言談多角化農業經營。《臺灣日日新報》，一九三六年十二月二十六日。

48 臺灣銀行臺北支店課桑原氏，〈投資對象トシテ見臺灣 タル珈琲〉，昭和十年八月。臺灣銀行臺北調查課，〈嘉義木村珈琲園視察記及參考事項〉，昭和十二年三月

後繼無力，更遑論能夠出口到日本，但臺灣可以提供咖啡生產的條件，很可能種下柴田氏嘗試到臺灣投資咖啡園的契機。柴田的咖啡事業不僅見於臺灣，如琉球慶佐次也有咖啡園設立，其本店以「米屋號」起家，一九二〇年創立於橫濱市中區吉田町；一九三〇年版《橫濱市商工案內》已登記為木村咖啡店[49]；一九三六年在臺灣的廣告及一九三七年在日本的商工廣告，海外事業已遍及東京、名古屋、京都、大阪、福岡、神戶，甚至朝鮮京城（今南韓首爾）與滿州大連、奉天等都市都可見分店[50]。自有品牌已建立並使用「鍵」（KEY）命名，這也是木村咖啡店後來在國際上通行 KEY COFFEE 品牌的最早原型。

一九三三年八月柴田文次到嘉義市郊買下小松仁三郎與人合夥的農場，開啟了木村咖啡店在臺灣的咖啡種植事業，以購買民有地方式進行整理的農場，大部分苗木即來自內外食品農場的咖啡樹，小作人力也來自內品農場的契約農民。而會讓參與投資的臺灣銀行二度考察，足見咖啡生產的成敗讓銀行對此項新興經濟作物一方面有高度的興趣，反之也見投資者有高度的擔憂。

一九三五年八月，臺灣銀行提出的投資對象評估報告[51]附言，認為木村咖啡店嘉義農場採多角方式的經營頗為健全，咖啡以外的竹林與果樹等其他有用作物皆持續有收益。但是與民間的栽培契約條件之妥當性及其能否實現則存在一些疑問。由於果實的所有權為木村咖啡店所有，但果實採收權為耕作者所有，未來要成為銀行

---

[49] キーコーヒー株式會社，《KEY COFFEE HANDBOOK》，頁五。

[50] 《嘉義市商工人名錄》，昭和十一年版，頁一六一一七廣告。《橫濱市商工案內》，昭和十二年版，廣告。

[51] 同前註[39]，臺灣銀行臺北支店課桑原氏，〈投資對象トシテ見臺灣 タル珈琲〉。

的擔保品恐怕會有問題。再者，臺東嗄嘮吧灣農場雖然有基本的土地條件，但人力的外移與資金的投入都是一大風險，有可能嘉義農場所賺的錢會賠進臺東農場。此一時期臺灣銀行針對投資對象視察與主要生產者的評估有以下幾家：

住田產業株式會社花蓮港咖啡農場

經營者：大阪市北區老松町一丁目二一　住田多次郎

事業地：花蓮港廳瑞穗區舞鶴臺地

種植面積：152 甲

增植計畫：250 甲

木村咖啡園

經營者：嘉義市東門町三之三　大谷貞次郎

事業地：臺南州嘉義
　　　　臺東廳嗄嘮吧灣

種植面積：32 甲

增植計畫：730 甲

圖南產業合資會社

事業地：臺南州斗六郡斗六街

種植面積：11 甲

增植計畫：5 甲

旗山拓殖株式會社

事業地：高雄州旗山郡旗山街磅礴坑

種植面積：10 甲

增植計畫：無

大和農場

事業地：高雄州屏東郡鹽埔庄大路關

種植面積：16 甲

增植計畫：16 甲

基於此次的調查另涉及到臺灣本島人參與的旗山拓殖株式會社與大和農場，咖啡雖非兩農場主要作物，在此仍一併介紹。

旗山拓殖株式會社

一九二八年九月旗山拓殖株式會社以資本額十萬圓創立，成立時主要發起人股東有木村久太郎、福迫忠亮、陳光亮、吳文、王元吉、林氏湘雲、王（竹咸）規、王對、林氏照、吳淮水、鼓包美、許天奎、吳淮澄、王錐、王龍、戴氏女等共計十八人。主要業務有土地買賣、開墾及贌耕；造林及附帶事業；鳳梨栽培事業。事業地部分鄰接三五公司的造林地。

從一九一九年居住在基隆街田寮港的木村久太郎向總督府殖產局申請預約賣渡，一九二三年二月二十八日許可通過，一九二八年合組旗山拓殖株式會社，取得開墾旗山郡旗山街磅礡坑官有原野六六六．一六四甲土地，經歷長期開墾、部分還地及出願延期後，終於在一九三五年十月三日成功賣渡[52]。一九三五年八月臺灣銀

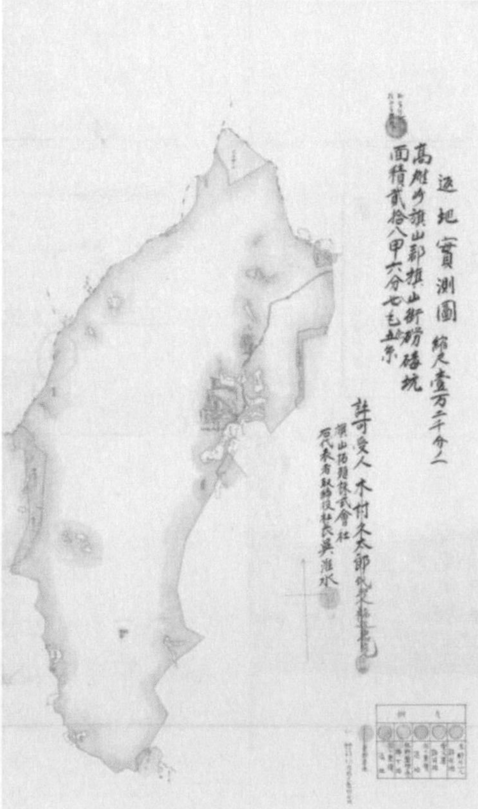

◎旗山拓殖株式會社所屬旗山郡旗山街磅礡坑農場略圖。

[52]〈豫約賣渡許可地一部返地成功延期起業方法變更並成功賣渡願許可ノ件〉，《昭和十年永久保存第十二卷》，臺灣總督府檔案典藏號：00010357001。

行的視察報告中，旗山拓殖株式會社從事咖啡種植的農場面積十甲，且未有增加的計畫。

大和興業株式會社大和農場

高樹泰和農場位於今屏東縣高樹鄉源泉村（日治時期行政區曾隸屬鹽埔庄大路關），最早農場名稱「阿緱西沙爾麻農場合作社」，西沙爾麻即苧麻，可製成棉花，是日人資本家投資纖維產業開發山地原住民社域的典型例子。據今日泰和農場相關報導[53]，仕紳辜顯榮曾借貸給農場內經營製糖的社員，後

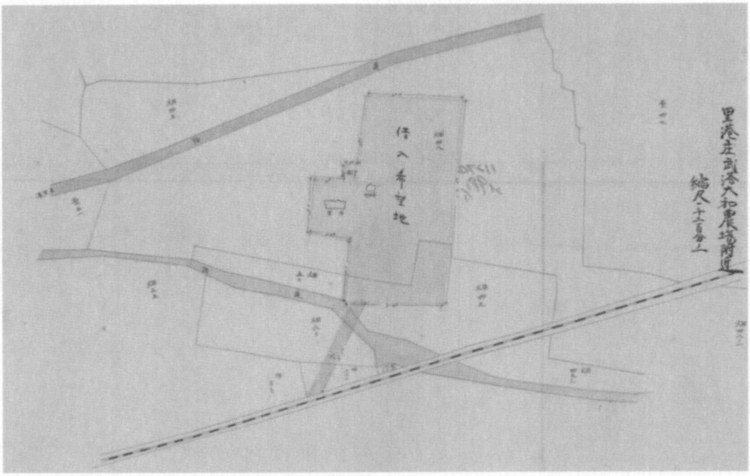

◎高雄州屏東郡里港庄武洛大和農場附近地圖。

[53] 曾坤木，〈高樹泰和農場——熱帶植物挪亞方舟〉，http://blog.xuite.net/x1_jacky/home/127413763-泰和農場。二〇一一年十二月二十七日。〈高樹最大的地主——泰和農場〉，http://old.tncsec.gov.tw/wks/pt11/home.php?page=page4.php&a01=0101&c03=&wks=pt11&page_key=1574。二〇〇七年十一月十九日。

◎旗山三五公司南隆農場事務所。

來因周轉不靈，於一九一八年六月將這一大片廣達三千多甲的荖濃溪畔河川地轉手給辜家，農場土地面積占約高樹鄉的三分之一。其中代表人田保治、一森彥楠、黑田恆馬等社員將其所有的預約銷售許可權、附屬田地、植林西沙爾麻園、辦公室以及家屋建築、器物等不動產和動產以十萬圓賣給辜顯榮[54]，辜氏於是成立大和興業株式會社入股經營，最後農場社員相繼退出，直到大和興業直接管理經營，並更名「大和農場」。一九三一年十月九日，三地門排灣族侵入大路關大和農場毀壞鳳梨、鳳梨苗及咖啡苗圃，即肇因於大和農場分布在隘寮溪、荖濃溪濁口溪河床與原野的耕作土地侵占原住民社地[55]。一九三三年整治下淡水溪工程支流隘寮溪，築堤後溪水淹沒隘寮溪附近的土地與辦公室，於是搬遷至今新南勢派出所斜對面大和路的三角高地。一九三五年八月，臺灣銀行視察投資對象的資料上載明，大和農場耕作咖啡的面積為十六甲[56]。一九三七年度，大和農場近五百甲的土地種植苧麻生產纖維產品，並預計到一九四四年增加土地面積到達八百甲[57]。戰後農場更名「泰和農場」，繼因三七五減租、土地放領等政策，辦公室陸續播遷至今農場內，目前面積占地約五百多公頃。

臺灣鳳梨拓殖會社會出現在下表的現況中，是因為內外食品已在一九三五、一九三六年間臺灣鳳梨產業的大合

[54] 臺北地方法院公證第13469號，〈官有原野地銷售許可全副條件讓度證書謄本〉，一九一八年七月九日公證書。

[55] 陳連浚譯，〈民蕃爭議〉，《理蕃之友》，第一卷創刊號—第四年四月號，一九三二年一月至一九三五年四月，頁一〇。

[56] 同前註[39]，臺灣銀行臺北支店課桑原氏，〈投資對象トシテ見臺灣タル珈琲〉。

[57] 小寺信儀，〈臺灣に於ける「サイザルヘンプ」に就て（下）〉，《臺灣金融經濟月報》昭和十三年八月號，頁一一。

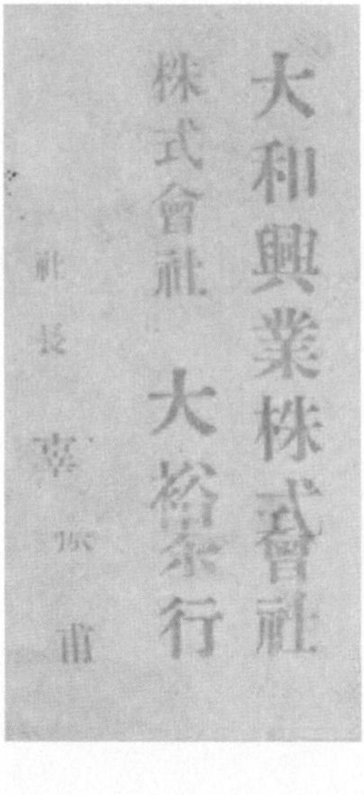

◎大和興業株式會社廣告。

併下消滅，取而代之的即是臺灣鳳梨拓殖會社。

一九三七年三月臺灣銀行行員吉田行見視察銀行嘉義支店，順訪嘉義市郊外的木村咖啡園[58]，現場訪問了場長，回到北部後更進一步參考殖產局農務課的研究，又訪查位於臺北做咖啡生意的經辦商，依照前一年的契約約定，核定給予嘉義支店一萬七千圓的貸款限額運用在木村嘉義農場的咖啡事業。可見木村咖啡店嘉義農場的經營績效有成，沒有讓貸款銀行失望。而另一方面，臺灣銀行對於有投資風險的木村咖啡店臺東農場，幾年下來的發展情形又是如何？以下可更進一步考察。

泰源盆地木村高原農場

對於東臺灣種植咖啡最為具體的意見，最初從一八九六年當時，民政局殖產部技師田代安定的報告中可以窺見[62]：

一九三六年度至一九三九年度，具一甲以上咖啡農場規模的調查現狀有[59]：

栽培者	栽培地（甲）	耕種面積（甲）	收穫面積（甲）	生產量（斤）
柴田文次（木村咖啡園）	嘉義市紅毛埤	20.2	10.0	300
羅和水	嘉義市紅毛埤	9.94		
圖南產業合資會社	斗六郡	23.862	11.0	7000
臺灣咖啡合資會社	旗山郡	10.00		
臺灣鳳梨拓殖會社	屏東郡	12.00		
柴田文次	臺東廳都鑾區嗄嘮吧灣[60]	69.00	11.00	3700
住田物產株式會社花蓮港咖啡農場	花蓮港廳瑞穗區舞鶴	200.00	35.00	12850
其他地方（栽培面積一甲以上）[61]		45.69		
合計（二十六所農場）		390.692	67.00	23850

現在，本人針對臺東地方的未來，陳述殖產方面的展望。臺東地方的利源，可分為林產、農產、礦產、水產四個項目。

林產以樟腦、木材為主。農產以糖業為主要著眼點，茶葉、山藍、苧麻、膠木、咖啡、水果、藥草、菸草、草錦、米穀、牛馬等為次要產物的大宗。

一八九五年（明治二十八）日本領有臺灣後，為紓解日本母國的農村貧困問題以及地狹人稠的壓力，臺灣總督府即相信未開發的東臺灣是極為理想的移住地區，等到一八九八年（明治三十一）開始持續執行的土地調查、戶口調查和林野調查，無一不是為便利臺灣總督府、日本實業家以及日本移民從事農村殖產事業。第一波東臺灣調查後，一八九九年（明治三十二）由賀田金三郎帶領之賀田組即開始了在東臺灣的殖墾事業。

賀田組經營甘蔗作物、樟腦、畜牧、運輸等事業，雖有少量的菸草作物栽培，但是否有依據官方的建議、鼓勵下而從事咖啡種植，目前的資料當中猶未發現。一九〇八年通信局長鹿子木小五郎至東部視察，已觀察到賀田組私營移民開發的失敗，也因此加速了官營移民事業的腳步。一九一三年，賀田組歸還鯉魚尾和鳳林兩地，臺灣總督府就將此劃歸為移民村基地。但在不久前幾年，一九〇一年（明治三十四）十月，總督府於七腳川（今吉安七腳川山下一帶）設置警察官吏派出所，

---

58 吉田行見，〈嘉義木村珈琲園視察記及參考事項〉，《珈琲》，臺灣銀行臺北調查課，昭和十二年三月。

59 表格省略其他農場，另外註明新竹州栽培狀況則參照〈臺灣ニ於ケル珈琲栽培ノ現狀ト將來〉，昭和十三年五月號《臺灣金融經濟月刊》。

60 後改稱高原，即今泰源。

61 臺灣銀行調查課，〈臺灣ニ於ケル珈琲ニ就イテ〉，昭和十四年二月二十二日。

62 田代安定，《臺東殖民地豫察報文》，臺灣總督府民政部殖產課，一九〇〇年三月二十五日。

期利用七腳川南勢阿美諸社歷來與太魯閣族不合的淵源，來幫助日人征討太魯閣族諸社，後來由於薪資糾紛，阿美族 Looh-Potal 召集部分族人，聯合巴托蘭太魯閣族人，於一九〇八年十二月十三日潛入山區，陸續襲擊隘勇線、派出所，史稱「七腳川事件」乃擴大開來。雙方交戰對峙，日人並調派山砲部隊掃蕩七腳川部落，直至一九〇九年，日警派荳蘭社長者入山勸服，七腳川事件才告平息。

一九一〇年（明治四十三），總督府設置荳蘭移民指導所，招募日本內地農民落籍七腳川，為官營移民之始，隔年移民漸多，於是正式成立吉野村。一九一三年至一九一五年，豐田村、林田村（鳳林南平）陸續設立，

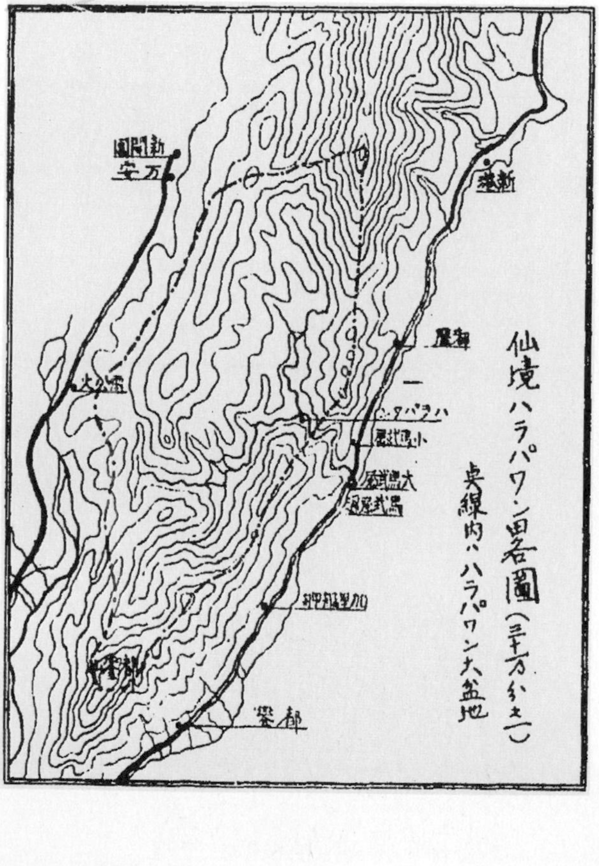

◎日治時期泰源盆地地形略圖。

以後三村之間鋪設輕便鐵道，互通聯繫並輸送物產。

一九一二年，殖產局分配了一些咖啡種子給臺東廳，十六年後到了一九二九年時，臺東廳卑南區呂家（今利嘉）警察官吏派出所內所種的十株咖啡樹，樹徑已經有一尺多寬；而花蓮港廳豐田村的移民指導所（大正二年，一九一三年），以及玉里一位笹原氏（大正五年，一九一六年）大約也從殖產局取得同一批種子[63]。

其次，不管是殖產局農務課之《東部開發計畫關豫備調查》或未註明年份的《臺東地方山地開發概略計畫調查書》[64]，皆已考慮到企業財閥進入臺東地區時，如何經營作物栽培的層面，並建議以五到十年的計畫時間，讓企業去執行開發臺東地方。

一九三〇年，總督府技手加藤謙一首次詳查仙境嗄嘮吧灣（一九三七年依府令地名改稱高原，即泰源盆地）大盆地，指出盆地的土壤豐饒，各項條件皆符合咖啡種植的條件。加藤氏踏入傳說中的仙境嗄嘮吧灣，觀察到合適的風土條件，而三年後，就在一九三三年時，日本橫濱市人木村咖啡店柴田文次除了成功開闢木村咖啡店嘉義農場，也積極踏查東臺灣適合耕種咖啡的土地，隔年柴田氏決定以十五年的開墾期限提出申請並取得此地的貸渡許可，進入嗄嘮吧灣盆地境內之北溪右岸，開設了木村高原咖啡園，總面積五六四．五甲，而這個嗄嘮吧灣大盆地正是今天的泰源盆地，也是木村咖啡嘉義農場之外在臺東開闢的第二座咖啡農場。其命令書的內容如下：

[63] 櫻井芳次郎，「東部臺灣開發研究資料第一輯」《珈琲》，臺灣總督府殖產局刊行，一九二九年（昭和四）六月三十日，頁一四。

[64] 可能成書於一九二六年，此年農務課另有《東部開發計畫關豫備調查》的報告，如本書〈臺東仙境泰源盆地〉一節所述。

◎泰源盆地內民家仍可見日治時期遺留高大的咖啡樹。

命令書

1. 貸渡期限 15 年，從昭和 9 年 11 月 17 日起至昭和 24 年 11 月 16 日止。
2. 租金為 1 年 1 甲 1 圓 2 錢。第一年於指定期限內繳納該一年份租金，之後翌年份的租金於前一年 9 月至 12 月之間由官方指定期限內繳納，但是未滿一年的情況，以月計算。
1. 借受人未經許可不得將其土地貸渡或讓渡他人，或提供作擔保。
2. 借受人會經許可不得更改預定方法。
3. 官方針對事業上或其他所提出的命令指示必須遵守。
4. 如果為了供官廳或公共之使用，或其他認為有必要之理由，須遵守歸還土地之命令。退還已繳納費用之餘款，從歸還土地命令翌日起，以月計算。
5. 將來若因法令頒布導致本命令條款變更，不得有異議。
6. 若違反前各項規定，應取消許可。若因此產生損害，官方不負任何責任。
7. 歸還土地時，借受人於區域內設置之工作物或其他物品須於指定一日內除去，否則當作拋棄。
8. 借受人在租金繳納後，因個人因素於期限之前提早歸還土地時，已繳納費用不予退還。
9. 因天災或其他事變導致許可地全部或一部分無法利用時，應立即提出歸還土地的申請。

以上

企業經營咖啡園情況

一九四一年，臺北帝國大學附屬農林專門部畢業生宗像完針對當時較有規模的企業經營咖啡農場有一番調查統計，栽培面積共七〇三・三八六甲，收穫面積則有二百七十甲。其中具規模的企業有住田株式會社、木村咖啡店、東臺灣咖啡株式會社、臺灣咖啡株式會社及圖南產業株式會社[65]。

從一九三八年到一九四一年的兩三年之間，咖啡栽種面積有倍增擴張之勢，企業投入咖啡農場的土地與資本越來越多，會有如此效應，不可諱言臺灣總督府祭出的咖啡栽培獎勵政策有推波助瀾的效果。以高雄州農會的獎勵計畫與政策為例，官方鼓勵企業家投入咖啡栽種的企圖昭然若揭。一九三九年度至一九四三年度的「咖啡栽培獎勵計畫書」所言，由於高雄州的氣候與風土非常適合咖啡種植，咖啡豆的品質不輸外國產咖啡，為獎勵企業集團的栽培，於是訂定獎勵方法如下[66]：

1. **獎勵方法**

a. 期間：自昭和十四年度（一九三九）至昭和十八年度（一九四三），五年連續事業。

b. 獎勵區域：鳳山、旗山兩郡。

2. **獎勵預定面積並栽種預定株樹（一甲二千五百株）**

[65] 宗像完，〈臺灣ニ於ケル珈琲園經營ニ就テ〉，昭和十六年十二月，臺北帝國大學附屬農林專門部卒業報文，頁一一。宗像完為臺灣帝國大學附屬農林專門部學生，即今中興大學前身，其論文〈臺灣ニ於ケル珈琲園經營ニ就テ〉調查並總結了日治時期日人企業在臺灣經營咖啡農場的發展情形，尤其完成時為總督府統治臺灣末期，具時代性意義。詳細經營面積與栽種面積參照附錄「昭和十六年企業經營咖啡園統計表」。

[66] 同前註，宗像完，〈臺灣ニ於ケル珈琲園經營ニ就テ〉，頁一三。

年度	鳳山郡		旗山郡		合計	
	面積（甲）	數量（株）	面積（甲）	數量（株）	面積（甲）	數量（株）
昭和十四年	15.00	37500	5.00	12500	20	50000
昭和十五年	5.00	12500	15.00	37500	20	50000
昭和十六年	-	-	20.00	50000	20	50000
昭和十七年	5.00	12500	15.00	37500	20	50000
昭和十八年	5.00	12500	15.00	37500	20	50000
合計	30.00	75000	70.00	175000	100.00	250000

3. 預估生產量高

其預估產量在昭和二十九年與三十年度將達到巔峰。

年度	收穫（斤）	預估價格（圓）	摘要
昭和十七年	20000	10000	價格上 100 斤當 50 圓換算
昭和十八年	50000	25000	
昭和十九年	100000	50000	
昭和二十年（按：1945 年 8 月二戰結束）	150000	75000	
昭和二十一年	210000	105000	
昭和二十二年	250000	125000	
昭和二十三年	290000	145000	
昭和二十四年	310000	155000	
昭和二十五年	340000	170000	
昭和二十六年	360000	180000	
昭和二十七年	390000	195000	
昭和二十八年	410000	205000	
昭和二十九年	440000	220000	
昭和三十年	440000	220000	

4. 普及方法

咖啡樹苗由有經驗者或栽培者在現地設置苗圃，在檢查之後於每年五萬株的範圍內補助每株二錢。

咖啡的栽培不是只有施肥，也應注意病蟲害驅除預防。過去曾發生銹斑病導致州下咖啡園大部分廢耕，即使有栽種成績，一旦有明顯徵兆，將補助購入藥劑購買以期徹底預防。

5. 指導監督

養成的苗木需適當地集體栽培。州郡街庄技術員要經常巡視栽培地，指導種植施肥管理以及其他栽種技術。且支會長在各作業結束後向各相關耕作者徵求報告，並向會長報告其內容主旨。

對於此時的獎助輔導者而言，咖啡栽培在臺灣是一項特殊的新興經濟作物，獎勵計畫中只許成功的壓力也希望能成功輔導咖啡業者，因此從苗木的栽培管理開始，官方必須看緊每個環節。

臺灣咖啡株式會社

在屏東市本町從事測量業的八木喜良鳩集東港與高雄州在地臺人與日人共同合

夥，以一萬四千八百八十圓的資本創立臺灣咖啡合資會社，租下旗山郡六龜庄荖濃官有地開闢咖啡農園[67]。昭和十一年底臺灣銀行調查課調查臺灣咖啡現狀與未來展望，臺灣咖啡合資會社的農場面積為十甲，到一九三九年已有二十餘甲的規模，但因經營上資金不足，於是奔走各界尋找投資人，想必也接觸過臺灣銀行，才會在臺灣銀行的調查報告內出現。一九三九年，高雄州獎勵生產咖啡的計畫公布施行後，除了挾帶官方提供土地貸渡的好條件，官股銀行業者勢必負有融資企業的使命，因此也吸引一些人的興趣，茶葉貿易商中野十郎與咖啡商內田政男等人，以資本額十五萬圓設立臺灣咖啡株式會社，並以二萬圓併入臺灣咖啡合資會社的咖啡農場及其事業[68]。

然而八木喜良是哪一號人物？據臺灣總督府派令記載，一九一六年（大正五）八木喜良畢業於私立東京工科學校土木部，一九一七年受雇於臺東製糖株式會社；一九一八年因故離職後，同年受雇於臺灣總督府民政部財務局稅務課地圖係擔任測量技手；一九二〇年底改調稅務課改測係，隔年一月的敘任派令的通報即列名臺灣總督府技手[69]；最後的官方資料顯示，一九二五年（大正十四）八木氏曾任屏東稅務出張所技手。從學校的成績來看，八木喜良在全班五十一名同學中排名第四十二，表現平庸，屬後段班，或許派放到屏東稅務所不是沒有原因，卻因此與屏東產生連結，才有後來在六龜種咖啡的契機。與他人合夥臺灣咖啡合資會社時期，

[67]〈高雄內臺人設立會社 栽培咖啡棉〉，《臺灣日日新報》，一九三四年十二月十八日。臺灣咖啡合資會社租下七．二甲官有地，除了栽培咖啡也種棉花。

[68] 臺灣總督府臨時情報部，《部報》，昭和十四年十二月一日，頁一三。

[69]〈敘任及辭令〉，《臺灣稅務月報》，大正十年二月十五日，頁四九。臺灣總督府檔案，典藏號：00003200051。

八木喜良已在民間開設測量業，但投身不熟悉的產業，夢想離現實仍有段距離，要維持現狀或者擴大規模往往考驗經營者智慧，八木瀕臨失敗之際，不得已只好求助投資者挽救其咖啡農園。臺灣咖啡株式會社最後出現的資料是一九四四年三月十五日取締役中野十郎在臺北市的住所移轉，數名監察役也改任，四月時會社向日本勸業銀行高雄支店提出三千圓的貸款[70]，或許大東亞戰爭逐漸侵蝕了企業的生存力，已見咖啡事業的經營財務不穩。

咖啡農場經營類型

由於咖啡種植需要有合適的氣候與風土等立地條件配合，且企業大規模的農場開發需要投入一定時間的資本，及土地取得、人力招募、機器設備與原料，甚至咖啡未達收成前的農作物間作規畫、病蟲害的防治，或收成後的加工、儲藏與行銷，以及國際市場價格的波動等危機管理，要栽培這種植物需有一些特殊的地域與輔助條件，尤其人力需求方面，大型企業農場面對動輒上百甲、地形不一的土地整理，採收期一到更不可能放任咖啡果實過熟，在在需要人力調度，也由於經營上的特殊性，較早投入咖啡種植的企業大都另有本業，如內外食品株式會社以鳳梨與食品加工為主業。

---

[70] 中央研究院臺灣史研究所臺灣史檔案資源系統，〈臺北臺灣珈琲株式會社貸款相關文件〉，識別號：KGTB_01_02_05700。

[71] 宗像完，〈臺灣ニ於ケル珈啡園經營ニ就テ〉，昭和十六年十二月，臺北帝國大學附屬農林專門部卒業報文，頁一八—二二。

這時期臺灣的咖啡農場經營方式常見以下幾種規模[71]：

一、平地農民式經營：為臺地最早開發的地區，大部分做為米、蔗、甘藷等食糧作物的耕地，欲取得大面積的土地較為困難，其中還要面對咖啡銹斑病感染的危險，並不適合以此經營方式種植咖啡。

二、大規模經營：臺地山區官有地雖然取得較容易，但勞動力缺乏是其隱憂，且位在東部的農場更是困難，如何導入農業移民補足人力是一大挑戰。其次是東部的季節風（焚風），直接傷害咖啡影響收成，防風林的設置或咖啡品種的選擇都要列入考慮。

三、山地農民式經營：一般農民以果樹栽培為主，有無栽培技術或能否接受咖啡這種新奇嗜好作物是一大問題。而原住民尤須透過駐在警察的溝通，情況則更為複雜，也不適合以此種方式經營。

四、中規模經營：中規模的經營範圍大約在五十到五百甲之間，不論立地條件、勞動力的質量，及資本經濟規模，都最適合咖啡農場的經營。

經農場經營方式優劣分析，在臺灣以中規模經營導入咖啡農場，是對企業較為有利的方式，事實上，日人在臺經營咖啡農場的規模也大致維持在五百甲以下的中規模的經營下進行。

咖啡園土地取得

企業經營咖啡農場的三大要素：土地、交通與勞動力缺一不可。除了選擇所謂適合咖啡生長的咖啡帶緯度，或諸如氣候溫度、雨量、風向、地勢、地質等自然條件。臺灣總督府在土地上的獎勵政策，也讓企業財團無後顧之憂，但土地的取得仍有幾種不同形態，已如前述，住田農場土地一部分為「官有森林原野豫約賣渡」，一部分為「民有地買收」；木村高原農場與東臺灣日之出農場屬於「官有森林原野貸渡」形態；木村嘉義農場則為「民有地買收」形態[72]。

企業經營咖啡農場也各自發展出一套開發管理模式，可以讓物產快速流通到市場上的交通運輸便利性就非常重要，如住田物產株式會社瑞穗農場考量到臺東線鐵道的經過，無論到臺東街或到花蓮港都非常容易；木村咖啡店在臺東都蘭高原的泰源盆地內農場，除了擁有馬武窟溪流域土地之外，新港到臺東街可供汽車行駛的道路完備也是一大主因；東臺灣咖啡產業株式會社位於關山的日之出農場，附近也有臺東線鐵道月野驛；木村咖啡店嘉義紅毛埤農場則有寬敞的六米道路通往嘉義市區。其次，勞動力的獲取對於農場成敗攸關重要，或依靠在地小農或原住民人力，或對外招募農業移民，無非為了確定收成農忙期間有足夠的勞動力。

東臺灣咖啡產業株式會社日之出農場

[72] 同前註，宗像完，〈臺灣ニ於ケル珈琲園經營ニ就テ〉，頁三二一。

[73] 大塚清賢，〈非常時下の臺灣全貌〉，《臺灣糖業概觀》，總督府殖產局特產課，一九二七年，頁二一九—二二〇。

[74] 松下芳三郎，《臺灣樟腦專賣誌》，史料編纂委員會，一九三八年，頁二三一—四六。

木村咖啡店除了投入嘉義農場的開闢，也著眼於臺東廳官有林野，木村臺東高原農場與東臺灣日之出農場位址選擇臺東廳林野土地，會採取「官有森林原野貸渡」形態有其背景。日治初期第一任民政長官水野遵任內提出的施政報告中，針對官有林野發展內地移民與熱帶栽培事業的殖產政策已清楚明訂相關法令，一八九六年「臺灣官有森林原野及產物特別處分令」、「臺灣官有森林原野豫約賣度規則」、「臺灣官有森林原野貸渡規則」等，透過法令合法將收歸官有的林野土地豫約賣渡（出售）或貸渡（放租）給特定的企業或個人經營，並利用這樣的經營方式快速將移民帶入東部，成為統治上的手段之一。一九一〇年以後先有民間企業提出設置糖廠的申請，一九一二年又有臺東製糖株式會社申請創立[73]，但招徠的移民成果不佳，除與原住民的衝突，暴風雨或颱風等天災往往嚴重毀損移民建設，臺東廳原有六處的官營移民村計畫在諸多因素影響下也暫時中輟。一九一四年歐戰爆發後，總督府見景氣好轉，又燃起移民計畫的希望，將臺東移民事業委託給臺東製糖株式會社，在原本官營移民村預定地重新招募短期移民，陸續移入鹿野村（鹿野龍田村龍田）、旭村（臺東市郊馬蘭社地）、鹿寮（鹿野永安村下鹿寮）。一九二〇年世界經濟大恐慌，糖廠開拓事業停頓，一九二一年總督府與臺灣銀行介入經營，將製糖與拓殖事業分離，由新成立的臺東開拓株式會社接手移民開墾事業，此後本島人移民也漸增，如臺灣製腦株式會社因移民形成的關山鎮里壠里隆興[74]。

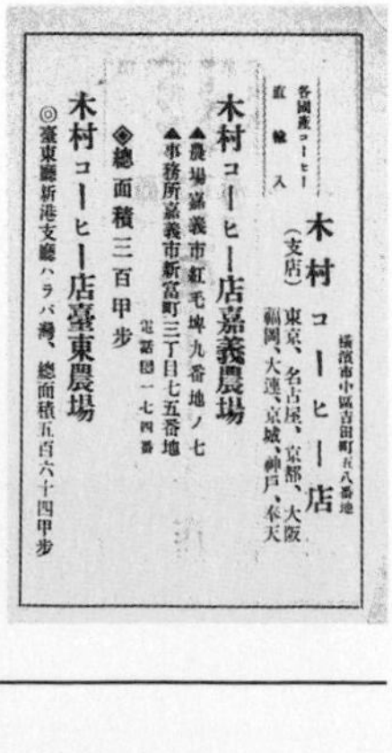

◎木村咖啡店嘉義農場廣告，一九三六年。

一九三五年以後，東部各項重大工程陸續完工，為配合南進政策，東部的調查與開發也同時迅速的決定，包括東部調查委員會成立、「開發綱要」訂立、豫定熱帶產業開發存置地（保留地）以及山地開發計畫等，官方開始釋出官有林野地，昭和十一年，臺東廳配合總督府殖產局山地開發四年計畫，在山地設置加典、里壠山、海瑞、大埔等十二處有用作物試驗地，東部頓時成為南進基地下熱帶性植物的重要實驗地，如規那、毒魚藤、棉花、苧麻、可可、熱帶水果等，咖啡也成為其中一項。

一九三七年，以橫濱木村咖啡店為首及橫濱有名的製菓業者組成

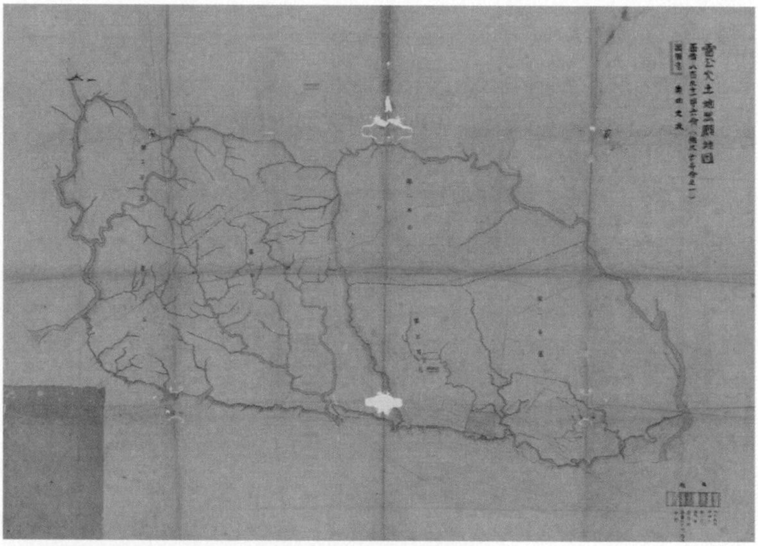

◎關山地方現狀調査略圖，一九三八年。

◎原東臺灣咖啡產業株式會社廣興咖啡農場與事務所遺跡，圖中老先生年輕時曾在農場工作過。

東臺灣咖啡產業株式會社在臺東街寶町創設，登記地址同為木村咖啡店臺東農場的事務所，董事兼社長柴田文次，常務董事伊藤道顯（農場場長），董事木村義明、木村名太郎。會社計畫從事咖啡樹、可可樹的培育，熱帶果樹的栽培、畜牧飼養等生產與買賣事業，並向總督府提出「官有林野貸渡願」，預計在關山郡關山庄日之出（雷公火）的山坡地上進行咖啡栽培種植；一九三九年獲得經營許可，申請面積八四一・八二二五甲，租借的時間為二十年。當地稱為咖啡山的農場由北到南有關山電光里東興之農場、關山電光里廣興之本社與關山電光里南興之農場等三處農場，分

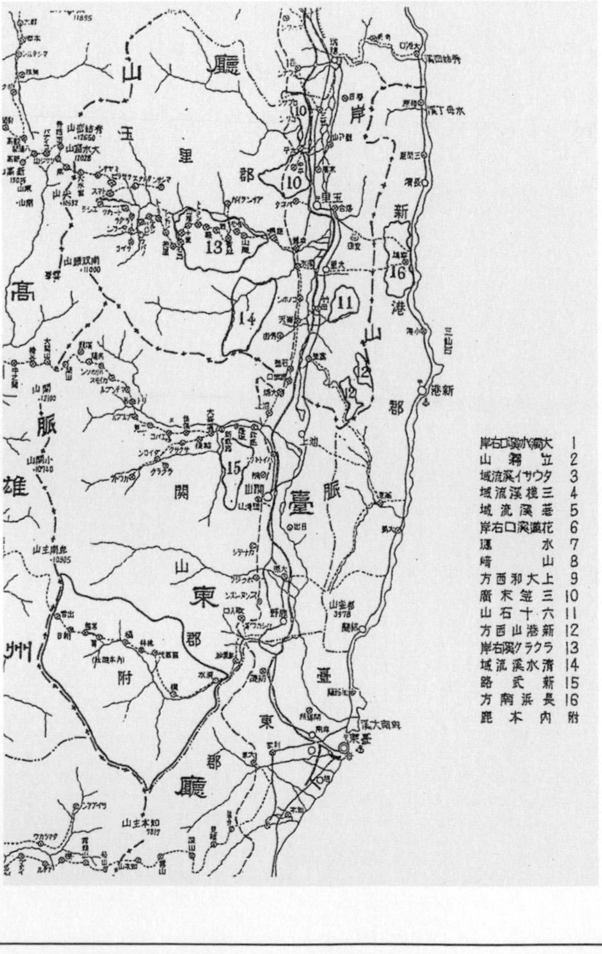

◎東臺灣咖啡產業株式會社在關山雷公火經營咖啡農場之土地出願地圖。

布在這八百多甲的山坡地上，必須有大量移民來支撐栽種咖啡的勞動力，於是會社到西部新竹州招募本島人移民，或雇用在地原住民等勞動者從事開墾[75]。

一九四一年東臺灣日之出農場用於栽種咖啡的咖啡園面積五十八・五甲，據其「起業方法書」所示，經營出資方法為會社的資本額與利益金充當；在管理上，從西部地方招致移民做為整地開墾的人力，農場內並設置管理者與技術員，會社的常務取締役由伊藤道顯出任，農場主任一人，庶務會計主任一人，監督五人（內地人二名，本島人三名），長雇農夫有二十人（本島人十名，原住民十名）；土地利用上，扣除建物用地（事務所二棟、社宅四棟、倉庫一棟、農具室二棟、堆肥舍二棟、畜舍二棟）、乾燥場及工場、道路用地，用在旱地五六七・四七五二甲，除地（土地劃分）二六五・四甲[76]。直到一九四二年（昭和十七），咖啡農場已萎縮剩下兩處，此時很有可能是移民契作的方式不佳而放棄，其管理組織與勞動分配仍維持不變，農場主任一人，庶務會計主任一人，監督五人（內地人二名，本島人三名），常雇農夫有二十人（本島人十名，原住民十名）[77]。

咖啡農場的勞動力

企業經營的咖啡農場，資本到位、土地取得後接著要面對的就是人力資源的問題，除了勞動移民從各地引進，開墾如果要順利進行，也必須吸引具有經驗的農民

[75] 江美瑤，《日治時代以來臺灣東部移民與族群關係——以關山、鹿野地區為例》，一九九七年六月，頁三一—三八。日之出農場內的三個農場名稱不明，《關山鎮誌》中則稱東興為第一農場，光興為第二農場。宗像完的論文中也稱第一與第二農場。

[76] 宗像完，〈臺灣ニ於ケル珈琲園經營ニ就テ〉，昭和十六年十二月，臺北帝國大學附屬農林專門部卒業報文，頁五九—六〇。

[77] 根岸勉治，〈栽植式珈琲園經營構造〉，《臺灣經濟年報昭和十七年版》，東京國際日本協會，一九四二年，頁三九三—四五〇。

[78] 臺東縣南島社區大學發展協會，《臺東縣縱谷區（二）關山鎮客家文史調查成果報告》，臺東縣政府民政局客家事務課，二〇〇五年三月四日。

[79] 同上註，頁五九—六〇。

參與，由於原住民人力無熟練技術或取得較為困難，木村咖啡店主體系統下的嘉義、高原與日之出等直營咖啡農場，也擬定出一套與在地小作（佃農）或小作移民的經營方式，運用契約與指導等合作模式，期待創造農場可以迅速開墾的目的，當然企業總是站在有利的本位擬定契約，原本就是自耕農身分如果移民替農場開墾，等於變相成為佃農，有利的一方絕非孤注一擲的農民。一九四一年度，木村嘉義農場、高原農場及東臺灣日之出農場都有小作農民受雇加入咖啡栽種的行列。據近年訪查資料[78]，關山電光里有從苗栗頭份移民的唐順光家族，移民電光咖啡山照顧咖啡，最多時承包七、八甲地，經常要施肥、除草，空地可種雜糧[79]。

以木村嘉義農場及臺東方面為例，開闢當時的咖啡小作農民或移民數量不少，木村嘉義農場有四十六個家族參與咖啡開墾；木村咖啡開墾的臺東高原農場招募十一個家族；東臺灣咖啡日之出農場則有十個家族的四十九人移民[80]。至於企業經營的咖啡農場與小作移民簽訂的定型化契約，則有如下約定[81]：

---

[80] 宗像完，〈臺灣ニ於ケル珈琲園經營ニ就テ〉，昭和十六年十二月。木村咖啡嘉義農場有詳細小作名單登錄，參照附錄「木村咖啡嘉義農場小作佃農名單」。

[81] 宗像完，〈臺灣ニ於ケル珈琲園經營ニ就テ〉，昭和十六年十二月。

去除且向乙請求費用。

八、咖啡樹有枯損或病蟲害之虞，乙不得延遲向甲告知並接受甲的指示採取填補及驅除預防方法，但驅除預防藥品由甲負擔，人力費用由乙負擔。

九、乙針對咖啡樹的栽培予以良善管理，以期育成茂盛。

十、乙因咖啡樹栽培中作物與因土地貧脊的關係，由甲乙協議，乙努力栽培綠肥以增進地力，但費用由乙負擔。

十一、關於咖啡樹栽培的一切，乙一切遵守甲的指導不可違背。

十二、乙於栽培地附近居住。

第十條　乙未取得甲承諾，不得將土地使用權咖啡樹摘採權買賣讓渡與他人，又不得提供擔保借貸。

第十一條　期滿合約解除或因其他事由解除合約時，乙的咖啡種子摘採權亦消滅，乙於該地之間作物必須去除，將咖啡栽植的土地點交給甲，若乙未去除間作物，則甲得任意去除，其費用由甲向乙請求。

第十二條　如有下列情形，甲得依據民法第五百四十一條第六百十八條規定對乙解除本合約以及要求點交土地及咖啡樹給甲。

一、乙有因怠慢導致土地荒廢及耗減地力之行為。

二、未經甲同意改變地形。

三、少給土地使用費或遲繳與延遲。

四、違反第四條第二項（按：第四條無第二項，可能條列有誤）、第八條第二項、第十一條。

五、提供公共之用。

六、甲自營的情況不在此限。

七、栽種第十條第三項（按：第十條無第三項，可能條列有誤）記載以外之間作物或未得甲同意於本件地上建造間物或工作物。

八、對於本合約所訂甲之指示，乙無故拒絕。

九、甲認為乙無法遂行咖啡樹栽培事業時，依據第一、二、四、七號使其賠償。關於第六號，至少於六個月前由甲通知解約。通知之後任意整地施肥採購物資等各項費用不得向甲請求。關於第七號甲任意去除之處分，乙不能有異議。

第十三條　若有第四條第一項之報酬金、其他來自甲的支付金，甲應對乙負擔且得做為本契約之債務與清算扣除。

第十四條　乙於本合約所產生一切債務，保證人負連帶責任。

為確保本合約，本證書做成一式兩份，雙方署名蓋章，各持一份。

昭和　年　月　日

甲　　住址　　姓名

乙　　住址　　姓名

右保證人姓名

咖啡栽培契約書

甲方：　　　　　　　乙方：　　　　　　　針對咖啡栽培締結契約如下

第一條　甲的事業地所屬（末尾表示）。

第二條　前條的期間為自昭和　年　月　日至昭和　年　月　日，拾年。但期滿前六個月乙可表示解約，否則續約拾年。

第三條　乙於其栽培地所種植之咖啡樹及其生產種子歸甲所有。

第四條　乙將其所摘取咖啡種子與甲訂定契約，甲指定報酬金支付於乙。

其報酬金額為壹斤貳錢，但是如果接受委託經營管理既植付地，乙新開拓的咖啡園的咖啡種子報酬金額從開始採收年度起為壹斤貳錢。

第五條　允許乙於下列時間免費使用本件土地間作三年，第四年之後給甲五圓的土地使用費，每年一月底前預繳該年度費用，合約開始三年後，甲乙雙方得依咖啡樹的生長狀態約定繼續間作的相關事宜。

第六條　收穫因天災或其他不可抗力因素而有高有低的時候，雙方協議相對減少前條土地使用費，或延緩支付。

第七條　肥料相關事宜依下列各項規定：

一、一切依甲指示使用咖啡樹的肥料。

二、肥料的成分比例以及施肥費用依甲指示。

第八條　栽培地的公租公課（政府課稅或罰鍰）依下列負擔：

一、甲負擔。

二、乙負擔。

第九條　關於咖啡栽培，乙需遵守下列條件：

一、乙於甲的接受咖啡樹苗無償配發，並依甲指示與甲指定期間栽種。

二、栽種的咖啡樹因乙故意或重大過失造成損失時，乙依下列比例賠償：

栽種後　第一年　一株　貳拾五錢

第二年　一株　五拾錢

第三年　一株　壹圓

第四年　一株　壹圓五拾錢

第五年之後依據育成狀況以右為準貳圓以上

三、乙需充分注意，選擇摘取成熟咖啡種子給甲而無遲緻，若遲緻且種子品質低劣未成熟有蟲，所造成的損失必須依比例折價。

四、乙於咖啡種子成熟期故意怠慢摘取種子時，甲告知乙並自行摘取，則其費用甲得向乙請求。

五、間作物以粟、陸稻、甘薯、胡麻、玉蜀黍、麥、落花生、黃麻、豆類其他蔬菜為限，此外絕對不得栽種，除非經過甲同意，則不在此限。

六、間作物的栽種距離離咖啡樹樹根壹尺五吋以上，不得縮短。但是落花生、稻、蔬菜等不影響育成者不在此限。

七、間作期間若有阻礙咖啡樹育成者，乙依甲指示去除該間作物，若有延遲，甲得任意

珈琲栽培契約書

　　ヲ甲トシ　　ヲ乙トシ珈琲栽培ニ關スル契約ヲ締結スルコト左ノ如シ

第一條　乙ハ甲ノ事業地ニ屬スル末尾表示ノ土地ニ珈琲樹ノ栽培ヲ爲スコトヲ約シ甲ハ乙ニ對シ之ヨリ生産スル珈琲種子ノ採取權ヲ與フルコトヲ諾約ス

第二條　前條ノ期間ハ自昭和　年　月　日至昭和　年　月　日拾ケ年間トス但シ期間滿了前六ケ月ニ於テ乙ヨリ解約ノ意示表示ヲ爲サヽルトキハ更ニ拾ケ年間此ノ契約ヲ繼續スルモノトス

第三條　乙ガ其ノ栽培地ニ植付ケタル珈琲樹及其生産セル種子ハ甲ノ所有ニ屬スルモノトス

第四條　乙ハ其ノ採取セル珈琲種子全部ヲ甲ニ約入シ甲ハ之ニ對シ甲ノ指定セル報酬金ヲ支拂フコトヲ約ス
其ノ報酬金額ハ種子壹斤ニ付金貳錢ヲ下ラサルモノトス但シ既植付地ノ經營管理ノ委託ヲ受ケタル場合ハ乙ノ新ニ開拓セル珈琲園ノ珈琲種子採取開始年度迄壹斤ニ付金貳錢ノ報酬金ヲ支拂フモノトス

第五條　乙ハ本件土地ヲ使用シ左ノ期間之ニ間作ヲ爲シ參ケ年間ハ無料使用ヲ許シ第四年目以降ハ甲當金五圓也ノ土地使用料ヲ毎年壹月末日迄ニ其年度分ヲ前納スルモノトス契約當初ヨリ滿參ケ年間經過後ハ間作ヲ爲サヽルコトヲ原則トスルモ珈琲樹ノ生育狀態ニ依リ甲乙双方間ニ於テ間作繼續ニ關スル協定ヲ爲スコトヲ得

第六條　天災其他ノ不可抗力ニ依リ收穫高著シク減少シタルトキハ雙方協議ノ上前條ノ土地使用料ニ付相當額ノ減額ヲ爲シ又其ノ支拂ヲ猶豫スルモノトス

第七條　肥料ニ關シテハ左ノ各項ニ依ル
一、珈琲樹ニ使用スル肥料ハ一切甲ノ指示ニ俟ツモノトス
二、肥料ノ配合歩合並ニ施肥料ノ決定ハ甲ノ指示ヲ仰グコト

第八條　栽培地ニ對スル公租公課ハ左ニ依リ負担ス
一、甲ノ負担スルモノ
二、乙ノ負担スルモノ

第九條　珈琲栽培ニ關シ乙ハ左ノ條件ヲ遵守スルコトヲ確約ス
一、乙ハ甲ノ苗圃ニ於テ珈琲樹苗ノ無償配付ヲ受ケタル上甲ノ指示ニ遵ヒ其ノ指定期間内ニ之ガ植付ヲ爲スコト
二、植付ケタル珈琲樹ガ乙ノ故意又ハ重大ナル過失ニヨリ枯損シタルトキハ乙ハ左ノ割合ニ依リ損害ノ賠償ヲ爲スベキモノトス
植付後　壹年目　壹本　金貳拾五錢也
貳年目　〃　金五拾錢也
參年目　〃　金壹圓也
四年目　〃　金壹圓五拾錢也
五年目以後ハ成育狀態ニ依リ右ニ準ジ貳圓以上
三、乙ハ充分ノ注意ヲ以テ成熟シタル珈琲種子ヲ撰擇シテ採取シ遲滯ナク之ヲ甲ニ納入スルモノトス若シ其ノ納入ヲ遲滯シタル爲メ品質ヲ低下セシメ又ハ未熟蟲付等ノ種子ヲ採取シ之ニ依リ損害ヲ與ヘタルトキハ相當ノ値引ヲナスモノトス
四、乙ガ珈琲種子ノ成熟期ニ於テ之ガ採取ヲ怠リ又ハ故意ニ其ノ採取ヲ爲サヽルトキハ甲ハ乙ニ通告シタル上自ラ之ヲ採取シ其ノ費用ヲ乙ニ請求スルコトヲ得
五、間作物ハ粟、陸稻、甘藷、胡麻、玉蜀黍、麥、落花生、黃麻、豆類其他ノ蔬菜ニ限リ其以外ノモノハ絕体ニ栽培セサルモノトス但シ特ニ甲ノ許可ヲ得タルモノハ此ノ限リニアラズ
六、間作物ノ栽培距離ハ珈琲樹ノ根元ヨリ壹尺五寸以上トシ絕對ニ之ガ短縮ヲ許サヽルモノトス
但シ落花生、稻、蔬菜等ノ如キ成育ヲ妨ゲザルモノハ此ノ限リニアラズ
七、間作期間中ト雖モ珈琲樹ノ成育ニ支障ヲ來スル場合ニ於テハ乙ハ甲ノ指示ニ遵ヒ直ニ間作物ヲ除去スベク若シ遲延シタル時ハ甲ニ於テ任意之ヲ除去シ其ノ費用ヲ乙ニ請求スルコトヲ得

八、珈琲樹ニ枯損又ハ病蟲害發生ノ虞アル場合ニハ乙ハ遲滯ナク甲ニ其ノ旨ヲ告ゲ甲ノ指示ヲ受ケ之ガ補填又ハ病虫害ノ驅除豫防ノ方法ヲ講ズルコト但シ其驅除豫防ニ要スル藥品ハ甲ノ負担トシ人夫賃ハ乙ノ負担トス
九、乙ハ珈琲樹ノ栽培ニ付善良ナル管理ヲ爲シ之レガ成育ノ旺盛ヲ期スルコト
一〇、乙ハ珈琲樹栽培中作物ノ爲メ瘠地ト爲リタルトキハ甲乙協議ノ上乙ニ於テ綠肥ヲ栽培シ以テ地力ノ增進ニ努ムルコト但シ其費用ハ乙ノ負担トス
一一、乙ハ珈琲栽培ニ關シ一切甲ノ指導ニ遵ヒ之ニ違背セサルコト
一二、乙ハ栽培地附近ニ住居スルコト

第拾條　乙ハ甲ノ承諾ヲ得ルニアラザレバ土地使用權珈琲種子採取權ヲ他人ニ賣買讓渡シ担保ニ供シ又ハ貸與スルコトル得ザルコト

第拾壹條　期間滿了契約解除又ハ其他ノ事由ニ依リ本件契約終了シタルトキハ乙ノ珈琲種子採取權モ亦消滅ス此ノ場合ニ於テ乙ハ間作物ヲ除去シ珈琲栽植ノ儘土地ヲ甲ニ引渡スコトヲ要ス　若シ乙ニ於テ間作物ノ除去ヲ爲サザルトキハ甲ハ任意之ヲ除去シ其ノ費用ヲ乙ニ請求スルコトヲ得

第拾貳條　左ノ場合ニ於テハ甲ハ民法第五百四拾壹條第六百拾八條ノ規定ニ依リ乙ニ對シ本契約ヲ解除シ土地及珈琲樹ノ引渡ヲ求ムルコトヲ得
一、乙ノ怠慢ニ依リ土地ヲ荒廢セシメ又ハ地力ヲ減耗セシムル行爲ヲナシタルトキ
二、甲ノ同意ヲ得ズシテ地形ヲ變更シタルトキ
三、土地使用料ヲ殘更ニ滯納又ハ遲延シタルトキ
四、第四條第二項第八條第二項第十一條ニ違反シタルトキ
五、公共ノ用ニ供セラレタルトキ
六、甲ガ自營ヲナサントスル場合ハ此限リニ非ズ
七、第十條第三項記載以外ノ間作物ヲ栽培シ又ハ甲ノ同意ヲ得ズシテ本件地上ニ建物又ハ工作物ヲ建造建設シタルトキ
八、本契約所定ノ甲ノ指示ニ對シ故ナク之レヲ拒絶シタルトキ
九、甲ニ於テ乙ガ珈琲樹栽培事業遂行ノ見込ナキモノト認メタルトキ
第一、二、四、七、號ニ付テハ之レニ依リ生ジタル損害ヲ賠償セシメ第六號ニ付テハ少クトモ六ケ月以前ニ甲ヨリ解約ノ通知ヲ爲スモノトス該通知以後任意ニ作業シタル整地施肥手入ノ諸費ニ付其賠償ヲ甲ニ要求スルコトヲ得ザルモノトス第七號ニ付テハ甲ガ任意其除去處分ヲナスモ乙ニ於テ異議ナキコト

第拾參條　乙ニ對シ第四條第一項ノ報酬金其他甲ヨリノ支拂金アルトキハ甲ハ何時ニテモ乙ノ負担スベキ本契約上ノ債務ト差引清算スルコトヲ得ルモノトス

第拾四條　保證人ハ本契約上ヨリ生ズル乙ノ一切ノ債務ニ對シ連帶シテ其責ニ任ズルモノトス
本契約ヲ確保スル爲メ本證書貳通作成シ双方署名捺印ノ上各自壹通ヲ所持ス

昭和　年　月　日

甲　住所　氏名

乙　住所　氏名

右保證人　住所　氏名

◎木村咖啡店咖啡農場與農民簽約的栽培契約書。

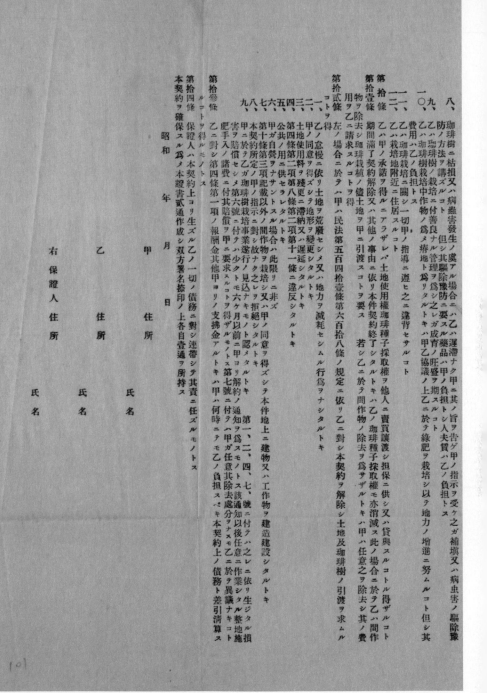

來到一九四一年度，針對經營規模五十到五百甲大小的企業資本家咖啡農場之觀察，經營中等以上規模的農場主要調查對象仍不出前述幾家：住田物產株式會社農場（三百二十甲，花蓮港廳瑞穗區舞鶴）、木村咖啡店嘉義農場（一一七・三八六甲，臺南州嘉義市紅毛埤）、木村咖啡店臺東農場（一百四十八甲，臺東廳新港郡都蘭庄高原，今泰源盆地）、東臺灣咖啡產業株式會社農場（五十六甲，臺東廳關山郡關山庄日之出，今電光、廣興一帶山區）、臺灣咖啡株式會社農場（三十二甲）、圖南產業株式會社農場（六九三・三八六甲）[82]。

太平洋戰爭前的咖啡事業

除了一九三一年至一九三五年間大規模的咖啡事業調查外，以後臺灣咖啡的生產也逐漸進入量產階段，一九三七年以後呈現的收穫情形，大約可從二戰前後出刊的《臺灣農事報》及《臺灣農業年報》獲知，其中農業特用作物咖啡一項之逐年統計中，得出全臺各行政區域總收成之量化成績[83]。以一九四二年栽培面積九九七・四五甲、栽培數量一百九十六萬一千零七十二株最高。

依現有資料來看，一九四二年度全臺雖達到咖啡產量高峰，但一九四三、一九四四年後，種植的數量已逐年下降，僅剩高雄縣、臺東縣以及花蓮

[82] 根岸勉治，〈栽植式珈琲園經營構造〉，《臺灣經濟年報（昭和十七年版）》，東京國際日本協會，一九四二年二月一日，頁四〇五（按：原稿合計之數字有誤，已修正）。昭和十七年刊的各項資料與宗像完畢業論章節文大同小異，數據相差不大，在根岸氏此篇文末即向日本學術振興會、各企業相關農場及宗像完致謝意，可說大部分是參照宗像完的畢業論文而成。參照附錄「五十到五百甲的企業咖啡農場統計表」。

[83] 臺灣省行政長官公署農林處農務科，民國三十五年版，《臺灣農業年報》。行政長官公署沿用日人《臺灣農事報》一九三六—一九四五年的統計資料，改以公制出刊。詳細統計參照附錄「一九三七—一九四五年臺灣特用作物：咖啡歷年栽種情形統計表」。

縣有種植數量與產量統計，可以說明戰爭影響至鉅，咖啡此種嗜好類作物，無可逆轉的逐步招致棄廢。戰後日本產業面臨行政長官公署全面接收，產量在一九五〇年歸零，已不列入大宗的特用作物之一，一九五一年屏東縣與臺東縣恢復少量生產，咖啡產業的命運也進入另一階段。

戰後咖啡事業的接收與初期發展

二戰結束

一九四五年（昭和二十）八月十五日日本宣布投降後，中國國民政府基於開羅宣言和波茨坦宣言❶即向美國要求臺灣無條件交還中國。美國同意後同年八月二十九日，蔣介石任命陳儀擔任臺灣行政長官兼警備總司令。九月一日，重慶設置臺灣行政長官公署與警備總司令部臨時辦事處❷。九月二日美國完成

◎展示中的日本投降之終戰降書。

◎日本在臺灣受降的地點臺北公會堂。

日本受降後，發出一般命令第一號❸，有關臺灣的日軍均應向蔣介石投降，也確立接收臺灣的情勢。

陳儀未到達臺灣就任前，先成立前進指揮所，主任葛敬恩。同年十月二十五日受降典禮後，行政長官公署與警備總司令部共同組織「臺灣省接收委員會」，開始準備接收事宜。以警備總部負責軍事接收，長官公署負責行政機關接收為權責區分。

臺灣接收情形

軍事接收方面，臺北地區以第七十軍三一九團與三二一團部隊為主，一九四五年十月十七日第一批在基隆港登陸後，十八日續往臺北、宜蘭和新竹等地，臺灣警備總司令部並組織臺灣地區軍事接收委員會，指示接收要點及注意事項。臺南地區以第六十二軍部隊為主於十一月十八日在左營高雄軍港登陸，並向屏東、臺南、嘉義、臺中等附近地區前進。除了軍事與行政機關接收，尚在「臺灣省接收委員會」下另設「日產處理委員會」做為接收日產的單位，且公布日產處理委員會的組織規程。一九四六年七月三十日修正通過「臺灣省接收委員會日產處理委員會組織規程」❹，並於十七個縣市成立分會負責接收事宜，進行日產清點及造冊，直到日產處理完畢才撤銷。

---

❶ 波茨坦宣言第八條約定：「開羅宣言之條件必將實施，而日本之主權必將限於本州、北海道、九州、四國及吾人所決定其他小島之內。」戴天昭，《臺灣國際政治史》，臺北：前衛出版，頁三二六。

❷ 臺灣新生報，《臺灣年鑑》，民國三十六年，頁四〇。

❸ 一般命令第一號有關臺灣的部分指出：「舉凡在中國（滿州除外）、臺灣及法屬印度支那（中南半島）北緯十六度以北部分的前日軍指揮官與一切陸海空及後備部隊，均應向蔣介石總統投降。」戴天昭，《臺灣國際政治史》，頁三〇六。

❹ 國家發展委員會檔案管理局，〈日產會修正組織規程〉，檔號：0035 / 012.8 / 63 / 1 / 002。

從監理到接管——咖啡事業由盛到衰

一九四五年十一月一日臺灣省農林處正式接收原臺灣總督府農商局，由於日產接收的人員不足，初步各事業仍由原主持人經營或保管，先派員「監理」（或組織監理委員會），待一切就緒後再進行「接管」。也因此，在這段期間內被接管的日產會有不同撥歸單位監管之情形出現，如圖南產業株式會社。以農林處林務局接管日產農林企業的情形為例，最初在一九四六年五月十日由林務局點交「林業會社概況表」二清冊中，可得知與咖啡產業相關的日產會社初次的清點情形。林務局將總共七十六處的農林單位擬交縣營或民營五十七處，如木村咖啡店臺東農場❺；擬留為省營十九處，如圖南產業株式會社。其中仍有一些農場有待清點，或權責不在林務局而在山林管理所，如花蓮的住田產物、東臺灣咖啡產業或木村嘉義農場❻都未入林務局清冊。

同年十月，接收日資企業一年後，農林處列冊的單位才有較為清楚的概況，總計接管一百七十個單位，其中屬於農業類六十四個單位，歸入此類的木村嘉義農場撥組臺灣農產有限公司；東臺灣咖啡株式會社、木村臺東農場送日產處理委員會標售。林務局山林管理所隨後於十二月辦理共七個單位的標售估價，計渡瀨同族株式會社、持木農場、藤倉合名會社、木村咖啡店臺灣事業部、圖南產業株式會社臺中

---

❺ 國史館臺灣文獻館，〈林務局接收林業會社概況表函送案〉，《接收各會社財產清冊》，典藏號：00326600060004。清冊表列為木村咖啡店的臺東農場為臺東咖啡株式會社。

❻ 木村嘉義農場在一九四六年六月確定撥歸農產公司後，即有技正林永昕提出考察臺南、高雄、臺東、花蓮各地咖啡農場之舉。

❼〈林務局簽送企業組有關持木農場等七個單位概況表及估價表〉，中研院臺史所檔案館，臺灣史檔案資源系統識別號：LW2_01_016_0019，民國三十五年十二月二十八日。

❽《躍進東臺灣》，昭和十三年六月八日，頁二三四—二四一。

❾〈進み行！臺東振興株式會社と移民の招致!!〉，《躍進東臺灣》，昭和十三年六月八日，頁九六。

❿ 臺灣省行政長官公署農林處技術室，《農林處接收之日資企業一覽》，民國三十五年十月。

⓫〈臺南縣政府斗六區署呈林務局請准予租圖南產業株式會社〉，中研院臺史所檔案館，臺灣史檔案資源系統識別號：LW2_06_002_0026，民國三十五年五月二十八日至六月六日。

（竹山）部分、東臺灣咖啡產業株式會社、臺灣星製藥株式會社等單位❼。另，由臺東里壠（關山）鎮公所監管的臺東振興株式會社，在接管後調查也列出咖啡為主要經營性質，但被撥歸為民間標售項目。臺東振興株式會社在戰前開墾海岸山脈山麓土地五百二十四甲餘，社長野谷真一，專務溫阿方，社員徐新興、林阿龍、溫吉安等人❽。墾殖地作物以柳花與甘蔗為大宗，主要勞動力則來自新竹州的客家移民，一九三八年（昭和十三）至少招募了五十五戶移民至此地❾。

而劃為林業類有六十九個單位，圖南產業斗六部分即在此類，撥歸臺南縣政府管理❿。圖南產業斗六部分因臺南縣政府請求，除接管外，因林內鄉公所建設需要，遂於六月六日提出充用圖南產業在林內三菱製紙會社事務所的所有地申請，以便興建鄉公所、公會堂、公共市場、玉石粉碎工場等位址⓫。

一九四五年十二月底，接管圖南產業株式會社時，除了事業概況與清冊的建立，圖南的林業事業版圖也有很清楚的繪製，如附設電話路線圖、特設電話電線路圖、林相圖、伐採林木的鐵索木馬路路線略圖等⓬。而另一方面在一九四六年三月，有竹山鎮民代表廖南鸞等人、斗六郡古坑鄉亦推派李合泮等人提出陳情書⓭，希望返還鄉民在日本時代因竹林事件受侵害的土地，

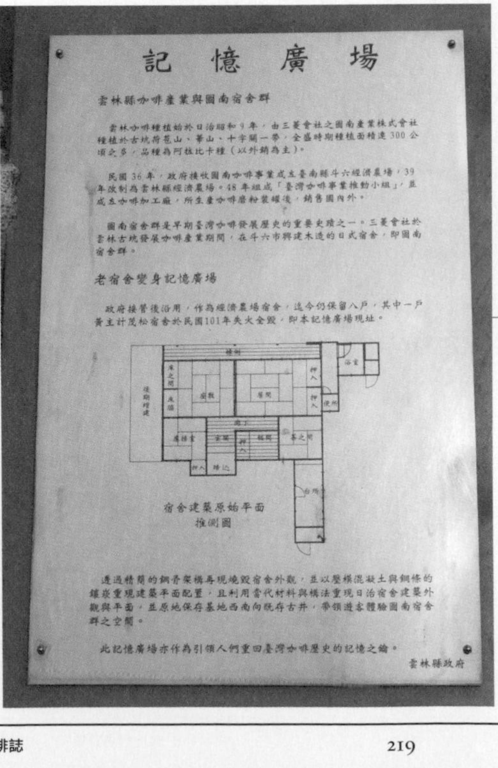

◎以記憶廣場為名的今日斗六圖南宿舍群遺址。

⓬〈圖南產業株式會社林相圖等相關圖表〉，中研院臺史所檔案館，臺灣史檔案資源系統識別號：LW2_06_002_0083，民國三十四年十二月三十一日至一月。

⓭〈竹山鎮廖南鸞等陳情政府追回日人強佔之竹林田園〉，中研院臺史所檔案館，臺灣史檔案資源系統識別號：001_43_301_35001，民國三十五年五月六日至七月十日。

也在這次接管過程中再次浮現過去臺灣總督府與財閥間的預約賣渡之官民合作結構問題。而戰後圖南會社咖啡園幾經移管後改為斗六經濟農場，並在中國農村復興聯合委員會（簡稱農復會）的扶持下設立新式的咖啡加工廠，則是另一番發展。

一九四七年六月，日產處理委員會在接管程續上更加熟手，並細分接收公產移交公產管理機關接管、撥歸公用、官商合營、撥歸公營、出租民營、發還原業主、標售民營等程序⓮，此時又有不同的移交情形，列冊紀錄上原本交由日產處理委員會標售的各地咖啡農場，如原本撥歸農林股份有限公司的木村嘉義農場，又移交給臺南縣政府接辦放租事宜⓯；木村臺東農場與事業部、東臺灣咖啡產業及圖南產業竹山部分撥歸農林處林務局山林管理所；花蓮住田物產的咖啡農場則撥入花蓮縣政府管理試辦⓰。

一九四七年十二月，木村咖啡店嘉義（紅毛埤）農場由農林處會同臺南縣政府再度進行移交給嘉義市政府，據移接清冊中農場土地利用情況，用作咖啡種植的土地有三．八九六三甲，約三千六百株（一九三四年〔昭和九〕植栽）；苗圃則有三百二十坪，約一萬欉（一九四七年播種）咖啡苗⓱。

移交清冊內包含的土地目錄，詳列分布於紅毛埤附近的地番以及現耕的農民舊戶造冊⓲，是戰後木村咖啡農場被接管、移交非常重要的檔案史料。

原從臺南縣政府承租耕作的農民可另與戰前昭和十六年日人宗像完調查木村嘉

⓮ 臺灣省接收委員會日產處理委員會編，《臺灣省接收委員會日產處理委員會結束總報告》，民國三十六年六月三十日，頁一九。

⓯ 國史館臺灣文獻館，〈農產公司所屬臺南及嘉義二農場移交臺南縣政府接辦情形准核備案〉，《農產公司所屬二農場移交》，典藏號：0042975001681001。

⓰ 同上註，頁四八。住田物產在此報告內錯列為佐田物產。

⓱ 國史館臺灣文獻館，〈嘉義市政府奉何機關命令接收嘉義咖啡農場查復案〉，《嘉義咖啡農場移交》，典藏號：0042975004128001。

⓲ 同上註，〈原臺灣省農產公司嘉義咖啡農場移接清冊〉。詳細地目利用參照附錄「木村咖啡農場地目別集計表」與「木村咖啡農場的業務項目表」。

⓳〈嘉義市府接收農場栽培珈琲〉，《民聲日報》，民國三十七年一月十七日，第二版。

⓴〈臺南咖啡農場將重新整理〉，《民聲日報》，民國三十九年一月二十九日，第三版。

義農場的咖啡移民或契作農民互相參閱，也能看出戰爭時期前後紅毛埤咖啡產業的變化，咖啡已非此地農場主要作物，僅剩三甲多的土地栽作咖啡，嘉義市政府接管之初計畫將一百八十一甲咖啡農場改為合作農場，全數耕種咖啡的話，每年預計收穫二十五萬斤，可占臺灣消費量的一半，若與東臺灣咖啡農場合作，即可超過全國總消費量，便無需由國外進口[19]。一九五〇年一月，嘉義市政府經小組會議後決定重新整理咖啡農場，規畫留用七甲多的公用土地用作咖啡種植[20]，此時距市府接管後已歷二年，咖啡產業的恢復並無多少進展，一百八十餘甲的土地大部分仍做為農地放租。

此外，木村咖啡店臺東農場（泰源農場）及東臺灣咖啡產業株式會社的咖啡農場（電光咖啡山）由臺東山林管理所接管後，當初從日人手中移交的兩農場財產清冊，在多次交接、承辦人員

◎日治時期遺留臺灣東部的羅布斯塔種咖啡樹。

離職與管理所改隸，直到一九四七年十月才補入營林財產管理。一九四八年七月臺東縣政府接管兩農場後，一度計畫開闢風景區未果，另以救濟失業農民理由，將農場部分標售與放租，但也因此種下未來土地糾紛的因子。一九五四年臺東縣政府無法維持經營泰源農場，奉令移交林產局接管編入林班保留地，並撥供移住的原住民定耕，咖啡園尚存大葉種（羅布斯塔種）五公頃、小葉種（阿拉比卡種）五公頃，咖啡樹總數一萬四千五百八十株。同年十月，夏威夷日籍咖啡專家後藤安雄博士親赴泰源農場考察後並表示此地是適合咖啡種植的地區，臺東縣府於是摩拳擦掌擬定出咖啡復興計畫㉑，可惜好景被接下來的泰源盆地土地糾紛打亂。

縣政府原委託東河鄉副鄉長林祁煥管理泰源盆地，一九五〇年林氏病故，縣府另外委任蔡姓鄉農管理，條件是農場如有收益則歸墾場人員的酬勞。一九五一年八月交接時，農場一片草棘，咖啡樹僅存三百棵㉒。蔡農訂下二期計畫，第一期增植咖啡樹至六千株；第二期補足咖啡到一萬株，另施種柑桔、柚子、柿子等果樹。未料新任縣長覬覦農場利益，利用職權收回標售，以致發生蔡農控告縣長的官司㉓。

另外在關山電光方面，由於咖啡樹較為淺根的特性，除了需耗費人工以鋤頭播種，每年的颱風也是農作最大的天敵，整年的栽培往往付諸流水，戰後接管單位財政困難與缺乏技術人員，完全放任

㉑〈臺東的咖啡增產〉，《更生報》，民國四十三年十二月七日，第二版。
㉒〈泰源咖啡農場糾紛始末〉（二），《臺東新報》，民國四十四年五月十四日，第四版。
㉓〈吳金玉被控瀆職案予不起訴處分，蔡誅妨害名譽被提公訴〉，《更生報》，民國四十四年十一月十八日，第二版。泰源農場纏訟四年的官司定讞。
㉔二〇〇五年筆者走訪電光里廣興咖啡移民蘇家，蘇文洸老先生特別指出老咖啡樹位置。另，當時會社的事務所剛拆除不久，遺址仍留有建料。

◎日治時期遺留至今的羅布斯塔種咖啡樹。

咖啡野生荒蕪，加上咖啡在當時毫無銷路，放租的東臺灣產業株式會社的咖啡農場，有部分墾民離開，留下來的也放棄咖啡而改種其他雜糧及香茅等作物。由於香茅生長迅速，又是價格好的外銷產品，過往的咖啡農場幾乎被香茅全面占領，雖然種植香茅的興盛期約有十年榮景，但咖啡產業已不復返。二〇〇五年在第一農場原會社事務所遺址附近所見，僅留下最後一欉已逾八十年的老咖啡樹㉔。

圖南產業株式會社的咖啡農場戰後接管後改組雲林斗六經濟農場，包括咖啡栽培地，及一座仍運作中的舊咖啡工廠。一九五二年農復會首先補助雲林咖啡經濟農場增值十甲地，咖啡年產量約一千餘磅。一九五三年底，由於國人喝咖啡需仰賴大量進口，財政、農林、建設三廳開始研議全臺計畫，在臺北、臺中、屏東、雲林、臺東、花蓮等地恢復咖啡種植的可行性。隔年十月，中國農村復興聯合委員會邀請夏威夷日籍農業推廣專家後藤安雄博士來臺，考察臺灣各咖啡農場，認為臺灣大部分山地都適合種植咖啡。農復會後續也聯合縣農會、建設科農務股、農林改良場等單位舉辦座談，預計協助各縣調查包括咖啡在內特用作物環境及產銷推廣。而雲林咖啡經濟農場預估，若能從現有的三十五公頃增植至六十公頃，即可達自產自足，並節省外匯㉕。

一九五七年雲林縣政府為闢財源也獎勵咖啡種植，配合農復會美援補助即將設

◎俗稱大葉種的羅布斯塔種，為日治時期遺留至今咖啡老欉。

㉕〈有關單位計畫大量種植咖啡，藉以節省鉅款外匯〉，《民聲日報》，民國四十二年十二月十七日，第三版。〈美咖啡專家赴大林參觀〉，《民聲日報》，民國四十三年十月二十三日，第三版。〈一期米穀生產量業依統計完成，省府正式核准公布，雲林農場擴植咖啡林〉，《商工日報》，民國四十三年十月二十七日，第二版。〈雲縣經濟農場將擴植咖啡林，數量將增至六十公

立的新式加工廠，需要大量咖啡原料，預定規畫四百公頃的自營地與竹林地投入咖啡經營㉖。但斗六建廠的預定地因地價未達成協議，咖啡加工所需的機器已運達，卻出現無廠房可用的窘境㉗。縣府於是轉向斗六鎮三平里原圖南會社鳳梨工廠的公有地，並斡旋已有四十餘家的違建住戶在一九五八年九月拆遷，二千餘坪的工廠用地，新式的建物與最新式的機器，預計每天可生產超過一萬磅咖啡㉘。雲林縣經濟農場咖啡園設於荷苞山、二尖仔等地約一百多公頃，預定五年內增加至三百公頃，以供應一九六〇年三月開工的遠東最大型咖啡工廠，其擁有從脫皮、洗滌、乾燥、震動、脫殼、磨光、分級、焙炒、磨粉等一貫加工處理，能提供咖啡果實二百四十萬公斤的處理量，並每小時製造咖啡粉四百八十磅㉙。咖啡工廠未設立前，農復會也曾將臺灣雲林斗六經濟農場、農

◎經濟農場斗六工廠全景。

頃〉，《商工日報》，民國四十三年十月二十八日，第二版。〈本省大部分山地均宜栽植咖啡，夏威夷等考察完畢〉，《商工日報》，民國四十三年十一月三日，第二版。〈臺省各山地適宜種咖啡〉，《正氣中華》，民國四十三年十一月四日，第一版。

㉖〈開闢縣府新財源，雲縣獎勵栽植咖啡，吳景徽招待記者〉，《民聲日報》，民國四十六年四月二十九日，第五版。

㉗〈雲林縣經濟農場咖啡工廠建廠擱淺〉，《民聲日報》，民國四十六年十一月十九日，第三版。

㉘〈雲林縣獎勵栽植咖啡爭取外匯〉，《民聲日報》，民國四十七年十月三日，第五版。

㉙〈雲林經濟農場倡導咖啡事業，招待記者參觀咖啡廠〉，《民聲日報》，民國五十年十月十四日，第三版。

㉚〈美國方面品評結果，省產咖啡豆品質優良〉，《豐年》，第八卷第九期，民國四十七年五月一日，頁四。

事試驗所嘉義分所、臺中農學院能高林場咖啡園（約十公頃，今惠蓀林場咖啡園）及六龜金雞納林場（今林業試驗所六龜研究中心）四地的咖啡送往美國咖啡廠商品評鑑定，一九五八年初有了回音，其中以能高林場的咖啡品質最好，具有國際競爭力，獲得不錯的評價㉚。一九六〇年代到一九七〇年代，地方政府雖一直有增植咖啡的計畫，咖啡加工廠生產的罐裝咖啡粉也冠以「臺灣咖啡」一品名，但農復會的美援不再挹注咖啡生產，再者世界咖啡盛產、進口稅大

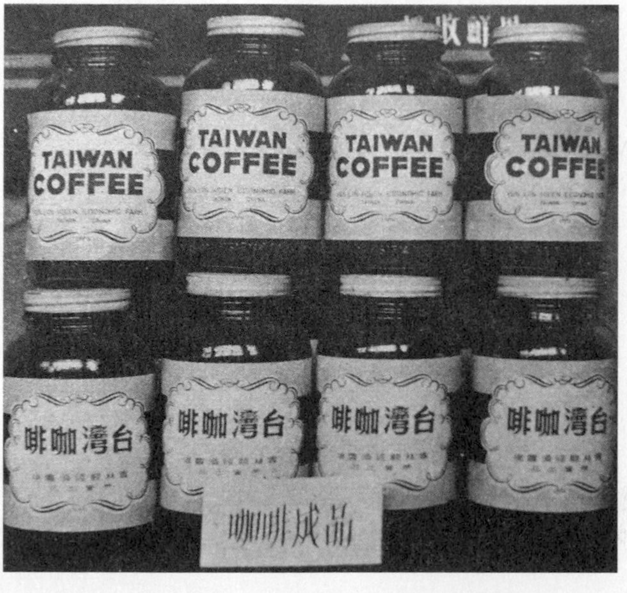

◎經濟農場斗六工廠生產的罐裝臺灣咖啡。

◎斗六工廠咖啡脫殼機。

◎斗六工廠咖啡發酵池。

幅下降，與進口咖啡相較之下，臺灣咖啡豆毫無出口競爭優勢，全臺總面積始終維持在一百公頃左右。一九七〇年一月雲林縣議會成立經濟農場革新小組，整頓後沒有起色，乃決議當年底結束咖啡工廠[31]。一九八〇年代以後，農林廳的「農業年報」經濟作物一項已無咖啡統計，至此臺灣咖啡的推廣可說幾近停頓。

花蓮住田咖啡農場命運交響曲

住田是東部較早以大型農場經營的咖啡企業，原已實際拓墾至三百二十甲的咖啡園因大戰而停頓，戰後在接管的過程中一度有恢復耕作的契機，如同其他無法復耕的咖啡園，不外乎資金、人力與技術，住田會社在舞鶴臺地加納納的咖啡農場亦面臨同樣狀況。戰後住田會社的農場由花蓮縣政府日產委員會接管，縣府改稱瑞穗咖啡農場，並開始事業經營[32]，但到底是不是恢復舊日栽種咖啡的光景，似乎仍有一段掙扎。

未曾恢復咖啡大量種植的舞鶴臺地，曾有過香茅、落花生、苧麻、鳳梨及甘蔗等經濟作物的栽種，一九六〇年代以後政府停止全臺咖啡的輔導推廣，等於直接宣判咖啡在臺灣的命運。但另一方面，少數農場與農戶對此高經濟價值的作物仍有所期待，以日治時期「臺灣拓殖株式會社」為例，其移交的社有地與事業地經臺灣土

---

[31] 呂政道主編，《琥珀記憶：雲林咖啡大時代》，雲林縣政府，二〇一四年十一月，頁七十七。

[32] 〈花蓮縣政府造送擬撥縣營企業工廠名單核示案〉，《接收日產清理》，「花蓮縣擬經營事業一覽表」，典藏號：00326620171021。

地銀行代管，部分農場土地利用於栽培經濟作物示範，其中區域就有包括舞鶴臺地上的舞鶴村與鶴岡村，由於土質適合茶葉種植，一九六〇年代在花蓮縣政府支持下，土地銀行在墾殖區設立鶴岡茶場，與農戶合作開墾此地大片土地，在鶴岡村引進阿薩姆紅茶，還在一九六四年設立示範製茶廠，精緻高級紅茶。而花蓮縣富里吳江村的安通果園農場，除了栽培柑桔、胡桃等雜果樹，也栽種咖啡。自從一九六二年由嘉義斗六農場引進咖啡苗，次年底二．五公頃的咖啡示範園成立，農場本身有超過十公頃的咖啡園經營，並與附近農戶合作，

◎舞鶴臺地上金鶴茶園的咖啡老欉。

◎近年舞鶴臺地致力推廣咖啡與茶兩種農特產品，東昇茶園旁即闢建「茶與咖啡的故鄉」。

◎舞鶴臺地上東昇茶園的咖啡老欉。

面積合計超過三十公頃，並設立一座咖啡加工廠㉝。

此後在一九七三年，舞鶴村另與農林廳合作引進大葉青龍、青心烏龍、臺茶11、臺茶12等品種，成績斐然。一九七九年行政院農發會主委李崇道博士巡視舞鶴臺地，將此地所產的茶葉命名為「天鶴茶」，以後臺地的鶴岡紅茶與天鶴茶即成為著名的地方特產。一九九一年後臺灣開放紅茶進口，鶴岡紅茶價格競爭力逐漸不敵進口紅茶，大部分農民只好轉作柚子與檳榔㉞。

二〇〇五年後，花蓮縣政府與瑞穗鄉農會嘗試在舞鶴推動少量的咖啡種植，除了過去住田農場以及老一輩村民遺留的咖啡記憶，古坑咖啡節帶來經濟竄紅的啟示，也讓舞鶴在地茶農重新回顧日治時期的咖啡足跡，在行政院農委會水土保持局的支持下，並在東昇茶行的咖啡園旁闢建「茶與咖啡的故鄉」休閒教學園區，讓茶與咖啡的芳香交響。二〇一〇年三月，為紀念住田咖啡農場曾經在此地的經營歷史，特在東昇茶行的百年咖啡紀念園區內設立「舞鶴咖啡之父——國田正二紀念碑」以茲紀念。二〇〇五年剛起步推廣咖啡時，僅約二十公頃的面積栽種，轉眼來到二〇一五年度，花蓮縣的咖啡種植面積已攀升至六十八．七二公頃。

一九八〇年代咖啡變奏曲

㉝ 李昌槿，〈臺灣土地銀行代管國有農地開發成果及展望〉，《臺灣土地金融季刊》，民國五十三年三月，第三卷第一期，頁一—六。吳鈴嬌，〈鄉土的香醇〉，《咖啡世界》，出版家，一九八〇年八月二十日初版。

㉞ 《續修花蓮縣志．經濟篇》，花蓮縣政府編印，二〇〇五年一月。

㉟ 一九七九—一九八二年《臺灣農業年報》特用作物：咖啡統計，頁一二五—一二九。

㊱ Kent 種是原產於印度的一種品種，為 Typica 與其他品種的雜交種。

㊲ 朱慶國，〈臺灣的咖啡〉，《豐年》，第三十一卷十五期，民國七十年八月一日。

㊳ 一九八三年《臺灣農業年報》特用作物：咖啡統計，頁一二九。

國人喝咖啡首波風氣盛行

一九七〇年到一九八〇年間，臺灣咖啡種植面積始終在百公頃以下浮沉，全臺種植面積一九七〇年七十七公頃、一九七一年八十五公頃、一九七二年八十四公頃、一九七三年八十二公頃、一九七四年九十九公頃、一九七五年七十七公頃、一九七六年八十三公頃、一九七七年六十三公頃、一九七八年五十三公頃、一九七九年四十二公頃、一九八〇年九十二公頃[35]。一九八〇年代後，林試所嘉義分所經多年咖啡種植試驗，判定其中以夏威夷引入的 HAES 6550（Kent）[36]產量最高，較能抵抗銹斑病，是值得推廣的重點品種[37]。一九八一年全臺咖啡耕種總面積首次超過百公頃來到一百三十八公頃，但隔年原因不明，咖啡作物完全被排除在一九八二年度的農業統計之外，等於宣告臺灣咖啡已不足以影響一個國家的農業經濟[38]。最主要是由於採收成本高，又缺乏加工廠，國際市場價格的波動也影響採購意願，當時農林廳並未積極推廣，臺灣在地咖啡事業也再度沉寂下來。不過自一九八五年後，民間的咖啡栽培一時又有復甦跡象，有貿易商以提高農民所得為宣傳，開始大作廣告並巡迴各農會推銷，提供契作種植機會。會有如此轉變，實因國人在喝咖啡這回事已在城市生活中形成。如臺中市最早的咖啡專門店南美咖啡店在一九六七年設立後，由於巴西咖啡豆批價便宜，獲利情形頗佳，城市之中喝咖啡人口有增加趨勢，也引起純賣咖啡的店家仿效，其中還有新開幕的美洲咖啡店甚至邀請巴西大使蒞臨剪綵。到了一九七九年咖啡國際價格攀升，巴西咖啡豆價格昂揚十倍之多，一杯咖啡的價格從原本的五元漲至三十五到五十元㊴。咖啡的國際價格看好，似乎又燃起一些商人的商機敏感度。

一九八〇年代的這些貿易商以加勒比海牙買加的美那斯（Menas）、山度斯（Sandos）、南美洲「曼特林」、巴西「蔓達琳」㊵等品種勸誘農民，也因此促使農林廳正式發函各縣市農會，防止農民誤信以為政府在推廣咖啡種植，但當時確實有部分農民受騙，加入契作之後貿易商並無買回動作㊶。無論是政府計畫或農民收入，經濟作物或特用作物原本就帶有高度的目的性，「產量高，利潤厚」或者拉長經濟價值的時間，都是推廣者與種植者的最大誘因，難怪有農民會禁不起引誘。臺灣最高海拔部落之一臺東新化部落

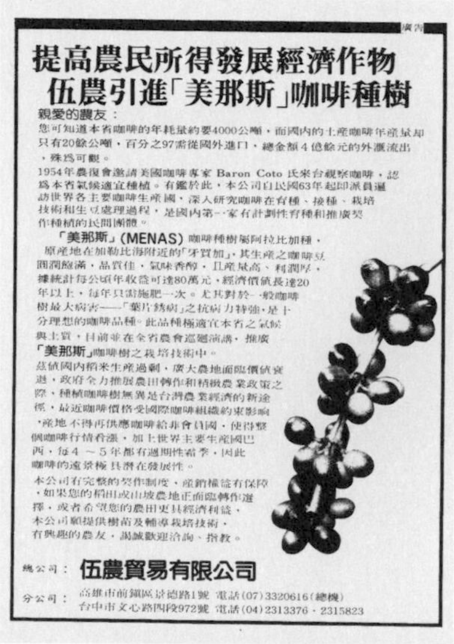

◎八〇年代美那斯品種廣告，一九八五年。

㊴ 沈征郎等著，《細說臺中》，臺北：聯合報社，民國六十八年，頁一三七—一四〇。

㊵「蔓達琳」所指也是曼特林。

㊶ 二〇〇五年苗栗南庄個人訪談，有農民因為誤信提供契作貿易商而施作，後來商人沒有履約買收，咖啡採收因此無疾而終，在農舍附近所見殘留的少數咖啡樹，即八〇年代咖啡事件痕跡。其他如臺中新社、臺東新化也曾聽聞發生過這樣的事情。

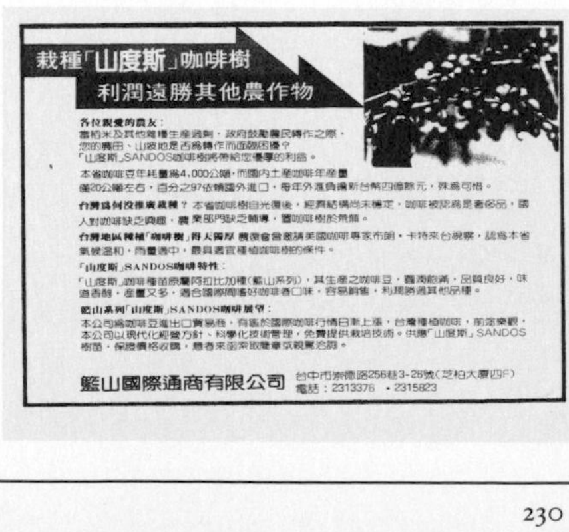

◎山度斯品種廣告，一九八五年。

當地人曾提到，新化在二十幾年前曾有苗販來推種過咖啡，當時新化部落內滿山咖啡，沒想到兩三年後，正待收成的咖啡卻問不到買主，說起這段往事，讓新化人有一次慘痛的受騙經驗，新化的農友都有不愉快的記憶。二十一世紀初在臺灣興起喝咖啡風氣，多數種植檳榔的在地鄉民與鄉長也極想找到其他出路，恰巧此處又曾種過咖啡，地理環境適中，達仁鄉擁有得天獨厚的山海美景，海拔五百至一千公尺的山坡地耕作條件也適合，咖啡產業成為新化部落另一條農業經營方向[42]。

◎八〇年代的咖啡老欉。

◎苗栗南庄也出現過咖啡販子，許多農民種了之後受騙，圖為八〇年代的咖啡老欉。

[42] 二〇〇五年前後新化部落有農民開始嘗試咖啡栽種，八〇年代末、九〇年代初被虛晃一招而遺留的咖啡反而成為新的契機。

◎臺東新化部落山區檳榔樹下的咖啡樹。

臺灣海拔最高的咖啡樹

但也有其他農民本著對咖啡的好奇種出一片天地，古坑鄉海拔一千二百公尺的嵩岳咖啡莊園即為其中一例。二〇一七年嵩岳咖啡以八十六・二二高分榮獲臺灣咖啡日月潭十二強以及一邀請賽「冠中冠」㊸，參賽的豆子是園主郭章盛精心栽培的巴拿馬產「藝妓（Geisha）」㊹。園主指出，品種雖申請從國外進口，但培育出來後並非全然是藝妓豆，這也是一般農園有不同品種混生常見情形，也因此經過幾年的篩選，真正屬於藝妓才有的氣味才能有較為統一品質，換句話說，只能用最原始的方法試驗，把取得的種子育苗後一棵一棵在園內培育，先由樹形、枝節、葉脈、芽尖、果實等，再經由試飲逐一淘汰不符藝妓豆特性的植栽。源於對植物的興趣，郭章盛從一九八〇年退伍後就嘗試取回古坑荷苞山的咖啡樹種在自家茶園，彼時老一輩人根本不知咖啡為何物，山下經濟農場荷苞山附近看見的咖啡皆以為是俗稱「九（狗）骨仔」㊺的高山樹種，當時農村對咖啡的認識已有斷層，草嶺仍屬高山茶的栽種領域，郭章盛為了種茶不得已將試驗的十幾株咖啡剷除，待高山茶栽培海拔高度繼續升高，價格與耕作地的轉移也讓草嶺面臨轉型壓力，郭章盛此時才認真思考，未來自家四十幾公頃的農地要如何走向不一樣的經濟農業。加上九二一大地震重創家鄉，古坑地方社區同時計畫恢復往昔咖啡農作特色，曾經的咖啡才又燃起他內心的一把希望，於是開始了高山咖啡的栽種。

㊸ 除了嵩岳咖啡奪得高分，另外得獎的莊園有卓武山咖啡農場八十四・三分、卡佛魯岸咖啡八十三・七二分、國姓向陽咖啡八十三分、七彩琉璃生態農園八十二・七二分、Tropica Galliard 熱帶舞曲精品咖啡八十二・六三分。

㊹ 藝妓（Geisha）豆以巴拿馬翡翠莊園（Panama La Esmeralda）最著名，原本沒沒無聞，二十一世紀初驚豔國際，現為世界最昂貴的咖啡豆之一。

㊺ 當地人俗稱的「九（狗）骨仔」也屬茜草科，英文名稱 False Coffee，由於葉片很像咖啡葉，所以才會被誤認，其材質堅硬，大都用在木雕，枝幹較細的則用於印章雕刻。

◎嵩岳咖啡農園咖啡樹。

從古坑荷苞山到彰化田尾公路花園，郭章盛一路追尋咖啡品種足跡，考慮到品種的重要性，當時的苗商只籠統曉得一種阿拉比卡咖啡樹，對於其繁衍的後代根本毫無概念，郭章盛只好土法煉鋼，一看見與自家咖啡園不同的樹形統統帶回家，採收後只要喝起來風味不佳就一一淘汰，最終才留下現今園內以鐵比卡（Typica）、波旁（Bourbon）、卡杜拉（Caturra）及藝妓（Geisha）為主的品種，藝妓在國際上這幾年異軍突起，郭章盛仍以老方法逐一品鑑出最接近藝妓風味的樹種，繁衍後更大放異彩。與往日自家咖啡豆面臨無人可賣的窘境，種咖啡對郭章盛而言實有天壤之別情悅，有一度家中老爸非常不諒解，還曾氣到不跟郭章盛說話，對比今日各項比賽頻頻掄元奪冠，知名度打開後，除了消費者，連同業農友也都開始注意到嵩岳咖啡的栽培技術，耕耘獲得肯定，否極泰來後下一代也陸續加入家族事業，一起為未來的嵩岳咖啡園努力。

◎草嶺高山上的「藝妓」咖啡，嵩岳咖啡農園出產的咖啡屢獲比賽肯定。

走過低谷迎向頂峰

另一方面，臺灣咖啡事業能夠復甦再起風雲，不能不提到古坑鄉的巴登咖啡。一九八四年巴登咖啡在荷苞村荷苞山下地母廟旁開設，一開始即堅持以臺灣咖啡豆做為主要品牌，才能一步步打響巴登咖啡的名號。

「巴登」之名，乃「巴西咖啡，登峰造極」之意，當年一般人喝咖啡的印象雖說是以巴西咖啡為首，但巴登也幫助臺灣產咖啡的名號攀上了高峰，一九八〇年代如果有喝臺灣咖啡，巴登咖啡應可劃上等號。九二一大地震後，雲林古坑重新找出社區生命力，回顧過往歷史，咖啡山的資源原本就在的，因此二〇〇三年古坑舉辦第一次臺灣咖啡節，華山社區成功營造了古坑即臺灣咖啡原鄉的意象，古坑咖啡幾乎與臺灣咖啡畫上等號，來到此地喝上一杯臺灣咖啡的風潮，也

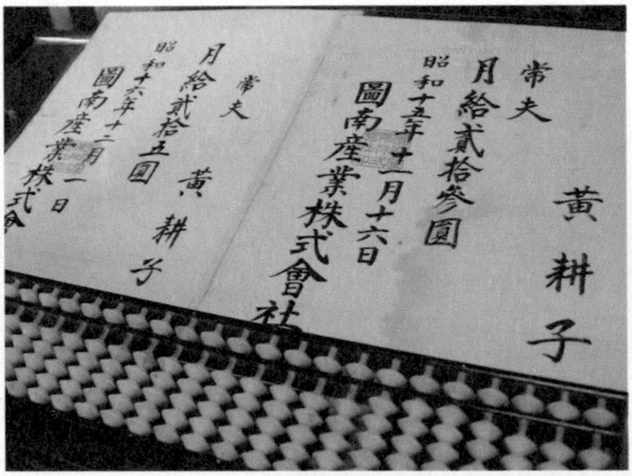

◎古坑黃耕子老先生年輕時在圖南會社工作的常夫聘書。

◎二〇〇五年古坑舉辦臺灣咖啡節盛況。

46 圖南產業株式會社的接收移交名單上除了列有耆老黃耕子，也包括當時的所有長雇的工作人員。

擄獲了大多數遊客的心，相信最早由巴登咖啡所奠定的基礎影響深遠。

就在古坑開啟另一波的咖啡熱之際，年輕時就曾經在俗稱加比山的荷苞山種咖啡的耆老黃耕子，手中存留一張圖南產業株式會社於昭和十五年（一九四〇年）發出的常夫派令（聘書，每月薪資二十三圓），真正見證往日斗六咖啡經濟農場的特殊歷史地位。他說昭和九年至十三年間十七、八歲時，就在加比山這裡種咖啡，以往的咖啡栽苗都要徒步走路到內埔頂取回，而收成的咖啡則送回斗六郡的咖啡加工廠（位於今財政部雲林縣審計室）處理。二〇〇五年秋，黃耕子的兒媳在後院山腳下開闢大約五分地的咖啡園，令人有重返日治時期咖啡時光之況味[46]。

◎古坑黃耕子老先生與咖啡老欉。

老欉尋根之旅

透過古坑咖啡節的經濟擴散力，也喚醒臺灣各地農友效法並投身咖啡種植，除了觀光客消費力的加持，最明顯的就是各縣市鄉鎮咖啡產銷班的成立，讓咖啡種植似乎又回到戰前大規模栽培的盛況，二十一世紀初咖啡遍地開花，一股探採日治時期老欉野生品種的熱潮也見興起，古坑荷苞山由於咖啡節而名震四方，不管是遊客或育苗者一窩蜂登上荷苞山挖寶採苗，讓鄉公所最後不得不豎立警示牌，遏止任採樹苗的亂象。其實，只要日治時期種過咖啡的農場，老欉多少仍有留存，臺東關山電光、廣興山區曾有東臺灣咖啡產業株式會社的咖啡農場，二〇〇五年還可見日治時期遺留的老欉[47]。泰源盆地往日的木村咖啡農場或者花蓮舞鶴臺地住田會社的農場也都留下不少咖啡老樹。泰源盆地

◎想找到日治時期恆春熱帶殖育場的咖啡樹，須深入熱帶植物園保留區。

47 二〇〇五年廣興社區採訪，老欉由在地種過咖啡的耆老指稱。

48 二〇〇五年泰源盆地與舞鶴臺地採訪。泰源盆地的少數農家庭院仍可見日治時期遺留老欉，而舞鶴臺地東昇茶園與金鶴茶園都見有早期的老欉。

尤其特別的是曾目擊羅布斯塔種咖啡野生長至兩層樓高。而舞鶴當地除了日本人住田會社經營位於加納納山腳下的咖啡農場，還有當地耆老所憶，咖啡加工廠曾設在舞鶴國小校園後，由於住田會社的咖啡遺跡，及長輩種咖啡的記憶，當地多數茶園也努力恢復過往咖啡風華，與茶園共舞㊽。

二十一世紀初臺灣咖啡風潮

二十一世紀初二〇〇三年古坑第一屆臺灣咖啡節過後，臺灣各地的咖啡作物如風信般蔓延開來，沒幾年時間，栽種咖啡的消息陸續傳出，以二〇〇五年為例可知的就有如下地區：

◎關山廣興咖啡老欉。

	古坑鄉永昌村	日升咖啡休閒園區	
	古坑鄉樟湖村	三步灣（咖啡腳）部落、十字關部落等	
	大埤鄉		
	斗六市		
嘉義縣	中埔、番路	豆賞臺灣咖啡	
	大埔鄉	玄山湖山林咖啡	
	大埔鄉退輔會 嘉義農場（劍湖山世界經營）	第一夫人咖啡 （夏威夷火山豆）	
	阿里山鄉山區一帶，如觸口、茶山、新美、樂野、達邦、里佳、來吉等部落。	阿里山臺灣咖啡	
	梅山鄉半天村	溫家咖啡農場	
	太保市		
	嘉義市農業試驗所嘉義分所		
臺南縣	東山鄉南勢村嵌頭山一帶	臺灣東山咖啡	2004 年東山咖啡節
	東山鄉高原村、青山農場		
	白河鎮關子嶺一帶	臺灣上品屋東山有機咖啡	
	佳里鎮		
	新市鄉		
	玉井鄉		
	大內石湖村	大內咖啡	
高雄縣	三民鄉民族村	那尼薩羅有機咖啡	
	茂林鄉		
	六龜鄉		
	林業試驗所六龜分所		
	（扇平森林生態科學園）		
屏東縣	三地門鄉德文社區	德文咖啡	
	內埔鄉		
	新園鄉		
	崁頂鄉崁頂咖啡園	臺灣皇家咖啡	
	恆春鎮恆春熱帶植物園		
花蓮縣	瑞穗鄉舞鶴臺地	瑞穗舞鶴咖啡	
臺東縣	臺東市貓山、鹿野鹿寮、利吉、利嘉、太平、知本、成功、長濱、東河泰源咖啡園、太麻里華源、新化、金峰歷坵、利稻等鄉鎮。		

二○○五年臺灣咖啡產區示意圖表

縣市別	地區	相關品牌	備註
臺北縣	淡水鎮五虎崗一帶		取自彰化靜山靈修中心
	石碇鄉、坪林鄉一帶		
	新店山區		踏查赤皮湖山區見到有農家栽種
臺北市	臺北植物園		
	臺大傅園、農學院		
宜蘭縣	南澳鄉		
桃園縣	大園鄉		
	復興鄉		
新竹縣	北埔鄉	八角樓咖啡園	
	峨眉鄉	十二寮休閒農區松芸軒咖啡莊	
	湖口鄉		
苗栗縣	頭屋鄉		
	通霄鎮		
臺中縣	東勢鎮大雪山林道出雲山一帶		
	新社鄉		
	清水鎮		
南投縣	仁愛鄉	惠蓀林場咖啡園	
	中寮鄉		
	埔里鎮		
	南投市		
彰化縣	彰化市大埔靜山天主堂二水鄉		
雲林縣	古坑鄉荷苞村荷苞山、經濟農場一帶	主要為巴登咖啡	
	古坑鄉華山	華山咖啡園區	
	古坑鄉劍湖山世界	崁城臺灣咖啡	雲林縣政府、古坑鄉農會、古坑咖啡業者等政府及民間單位合辦有 2003 年臺灣咖啡節、2004 年臺灣咖啡節暨世界博覽館、2005 年咖啡嘉年華等活動。

經過十年的生聚，從二〇一五年以後迄今，臺灣咖啡不論種植面積或產銷班皆高度密集增加，彷彿「如夢乍醒」般，對農民而言經濟效益的力道極大，新北市（八里、三峽、土城、中和、石門、石碇、坪林、烏來、貢寮、淡水、樹林、鶯歌）；宜蘭縣（三星鄉、大同鄉、冬山鄉、宜蘭市、南澳鄉、員山鄉、礁溪鄉、蘇澳鎮）；新竹縣（五峰鄉、新埔鎮、關西鎮）；苗栗縣（三灣鄉、大湖鄉、公館鄉、卓蘭鎮、獅潭鄉、頭屋鄉）；桃園市（大溪區、平鎮區、復興區、龍潭區、龜山區）；臺中市（大里區、太平區、后里區、和平區、東勢區、神岡區、新社區、潭子區、霧峰區）；彰化縣（二水鄉、大村鄉、大城鄉、田中鎮、社頭鄉、花壇鄉、芬園鄉、員林鎮、溪州鄉、溪湖鎮、彰化市）；南投縣（中寮鄉、仁愛鄉、水里鄉、名間鄉、竹山鎮、信義鄉、南投市、埔里鎮、草屯鎮、國姓鄉、魚池鄉、鹿谷鄉、集集鎮）；雲林縣（大埤鄉、元長鄉、斗六市、古坑鄉、虎尾鎮）；嘉義縣（大埔鄉、中埔鄉、太保市、竹崎鄉、阿里山鄉、梅山鄉、番路鄉、溪口鄉）；嘉義市（東區）；臺南市（大內區、左鎮區、玉井區、白河區、東山區、新化區、新市區）；高雄市（大樹區、內門區、六龜區、甲仙區、杉林區、那瑪夏區、茂林區、桃源區）；屏東縣（三地門鄉、內埔鄉、竹田鄉、牡丹鄉、里港鄉、佳冬鄉、來義鄉、枋寮鄉、長治鄉、南州鄉、屏東市、春日鄉、泰武鄉、高樹鄉、新園鄉、萬巒鄉、瑪家鄉、霧臺鄉、麟洛鄉、鹽埔鄉）；臺東縣（太麻里鄉、成功鎮、池上鄉、卑南鄉、延平鄉、東河鄉、金峰鄉、長濱鄉、海端鄉、鹿野鄉、達仁鄉、臺東市、關山鎮）；花蓮縣（玉里鎮、光復鄉、吉安鄉、秀林鄉、卓溪鄉、富里鄉、新城鄉、瑞穗鄉、萬榮鄉、壽豐鄉、鳳林鎮、豐濱鄉）；臺北市（文山區、北投區）㊾。除了澎湖縣風土條件不利咖啡生長，各地都見農民加入咖啡產銷行列，甚至連金門如今也漸少量栽培，近年期種咖啡已成為農業顯學。

㊾ 資料來源：農業產銷班資訊服務網站。咖啡產銷班每年少數地區會有變動。

㊿ 美國精品咖啡協會 SCAA（Specialty Coffee Association of America）於一九八二年成立，是第一個致力於精品咖啡的國際組織，也是目前全球最大的精品咖啡組織。強調生產過程中的每一個環節都足以影響咖啡品質，從農民、生豆商、咖啡烘焙者到咖啡從業人員，其中任何一個人都攸關一杯咖啡的品質。

◎戰後惠蓀林場還生產過中興咖啡罐頭。

只是以產銷班形態的農作多以小農經濟事業的規模進行，雖然有喝咖啡的人口推波助瀾，但流行浪頭一過，很容易就因為病蟲害或成本的增加而放棄，現今咖啡的種植技術越加提升，如同歷經第三波革命般，臺灣咖啡農已朝向近年最火熱的精品咖啡方向前進，過去雖以「產量高，利潤厚」為目的的經濟作物，逐漸有咖啡農與時俱進的專研咖啡品種與防治，自產自銷的品牌形象也非昔日阿嵩，歷年來各地咖啡節、展覽會或咖啡品鑑比賽也讓臺灣咖啡豆驚豔連連，雖無法有咖啡生產大國的產出量，但臺灣咖啡原本少而美，溫潤回甘的特性，正如已故生活藝術大師蔣夢麟品嚐後的心聲：「臺灣出產的咖啡，和臺灣的農村姑娘一樣，品質純潔，樸實無華，細細品賞，回味無窮。」近年臺灣咖啡真正「土產貨」從栽培、品種改良、精製加工等程序皆日益精進，國際評分也屢傳捷報，甚至在日本的農產展中大放異彩，相信只要站穩腳步，臺灣經營國際精品咖啡自有品牌的未來不是夢[50]。

另一方面，精品咖啡的推廣與現代咖啡館給予生活式的飲食體驗，消費者不再滿足於罐裝或即溶咖啡，近年也看見有許多咖啡玩家逐漸回歸家庭DIY動手作的趨勢，都市中雖難以親手栽種咖啡，但過往掌握在店家甚至貿易商的咖啡生豆之控制權，已日漸在網路公平貿易中稀釋，從進口莊園生豆到自家玩烘焙，學習如何自己沖煮一杯咖啡，如何品嚐與評鑑一杯咖啡，甚至如何烘焙一支心目中的咖啡豆，從產地到咖啡桌，從生豆到烘豆，正帶給視、聽、嗅、味、觸覺等五感一場前所未有、回味無窮的經歷。

◎二〇一七年日月潭十二強加一評鑑比賽各地提供比賽的生豆。

主要參考書目

■專著

◎William H. Ukers, *All About Coffee*. Second Edition, New York, The Tea & Coffee Trade Journal Company, 1935.

◎胡文青，《臺灣的咖啡》，臺北：遠足，二〇〇五。

◎陳芳明，《殖民地摩登：現代性與臺灣史觀》，臺北：麥田，二〇〇四。

◎梁華璜，《臺灣總督府南進政策導論》，臺北：稻鄉，二〇〇三。

◎涂照彥，《日本帝國主義下的臺灣》，臺北：人間，一九九三。

◎矢內原忠雄，《日本帝國主義下的臺灣》，臺北：海峽學術，二〇〇三。

◎矢內原忠雄，《日本帝國主義下的臺灣》，臺北：臺灣史料中心，二〇〇四。

◎梅村又次、山本有造編，日本經濟史三《開港與維新》，北京：三聯書店，一九九七。

◎西川俊作、阿部武司編，日本經濟史四《產業化的時代（上）》，北京：三聯書店，一九九八。

◎西川俊作、山本有造編，日本經濟史五《產業化的時代（下）》，北京：三聯書店，一九九八。

◎呂紹理，《展示臺灣：權力、空間與殖民統治的形象表述》，臺北：麥田，二〇〇五。

◎張宗漢，《光復前臺灣之工業化》，臺北：聯經，二〇〇一年初版三刷。

◎黃昭堂，《臺灣總督府》，臺北：前衛，二〇〇二年修訂一版第五刷。

◎林呈蓉，《近代國家的摸索與覺醒：日本與臺灣文明開化的進程》，臺北：臺灣史料中心，二〇〇五。

◎楊南郡譯註，《臺灣百年花火：清末日初臺灣探險踏查實錄》，臺北：玉山社，二〇〇二。

◎許極燉，《臺灣近代發展史》，臺北：前衛，一九九六。

◎戴天昭，《臺灣國際政治史》，臺北：前衛，二〇〇二。

◎大衛．柯特萊特（David T. Courtwright），《上癮五百年：咖啡、煙草、大麻、酒……的歷史力量》（*Forces of Habit*），臺北：立緒，二〇〇二。

◎藩德葛拉斯（Mark Pendergrast），《咖啡萬歲：小咖啡如何改變大世界》（*Uncommon grounds the history of coffee and how it transformed our world*），臺北：聯經，二〇〇〇。

◎鄭正誠，《臺灣大調查：臨時臺灣舊慣調查會之研究》，臺北：博揚，二〇〇五。

◎ 施添福總編纂，《臺東縣史產業篇》，臺東：臺東縣政府，二〇〇〇。
◎ 臺灣經世新報社編，《臺灣大年表》，臺北：南天書局，一九九四年重刊版。
◎ 菲利普．博埃（Philippe Boe），《咖啡》（*Coffee*），香港：三聯書店，二〇〇二。
◎ 文可璽編著，《臺灣摩登咖啡屋──日治臺灣飲食消費文化考》，臺北：前衛，二〇一四年七月初版。

■論文

◎ Bryan Lewin, Daniele Giovannucci, Panos Varangis, *Coffee Markets: New Paradigms in Globa Supply and Demand.* The International Bank for Reconstruction and Development Agriculture and Rural Development Department, First printing or Web posting: March 2004.
◎ 陳偉智，〈殖民主義、「蕃情」知識與人類學：日治初期臺灣原住民研究的展開（一八九五—一九〇〇）〉，國立臺灣大學歷史學研究所碩士論文，一九九八。
◎ 李文良，〈帝國的山林：日治時期臺灣山林政策史研究〉，國立臺灣大學歷史學研究所博士論文，二〇〇一。
◎ 孟祥瀚，〈臺灣東部之拓墾與發展一八七四—一九四五〉，國立臺灣師範大學歷史研究所碩士論文，一九八八。

■期刊

◎ 顧忠華，〈臺灣的現代性：誰的現代性？哪種現代性？〉，《當代雜誌》，第二二一期／復刊第一〇三期，頁六六—八九。
◎ 楊倩蓉，〈當我們成為咖啡世代〉，《30 雜誌》，二〇〇六年四月號，頁九二—九九。
◎ 戴振豐，〈文化生產與文化消費──日治時期臺灣的咖啡〉，《臺灣歷史學會會訊》，十七期，二〇〇三年十二月，頁二三—四三。
◎ 小林英夫，〈從熱帶產業調查會到臨時臺灣經濟審議會〉，《臺灣史研究一百年》，一九九七年十二月初版，頁四一—六八。

■其他

◎ 註釋中引用之報紙報導、專刊、專著，及日治時期之日文咖啡論文。

二〇一六年度臺灣咖啡全年作物各縣市產量表

縣市鄉鎮名稱	種植面積（公頃）	收穫面積（公頃）	每公頃收量（公斤）	收量
屏東縣	218.98	218.98	532	116,517
臺東縣	177.26	176.76	838	148,078
嘉義縣	133.25	132.75	1,009	133,954
南投縣	136.58	136.58	858	117,211
臺南市	54.49	54.49	1,003	54,638
雲林縣	52.70	52.50	1,063	55,808
高雄市	135.54	135.44	774	104,797
花蓮縣	70.30	69.24	565	39,125
臺中市	45.98	44.18	633	27,955
宜蘭縣	15.95	15.75	692	10,893
新竹縣	4.76	4.76	476	2,265
苗栗縣	25.88	25.88	661	17,099
彰化縣	20.09	20.09	483	9,708
新北市	10.00	6.71	235	1,578
桃園市	1.67	1.65	593	978
嘉義市	0.40	0.40	500	200
臺北市	0.34	0.34	318	108
金門縣	0.05	0.05	300	15
合計	1,104.22	1,096.55	767	840,927

*作者整理自「行政院農委會農情報告資源網」。

臺東地區五年及十年計畫開墾地區與面積表

五年計畫	地區	開墾面積（陌）	備註
	初鹿	100	1 陌約 1.031 甲
	上原	150	
	利家	200	
十年計畫	大武溪右岸	500	
	アロエ（阿塱衛）溪流域	500	

恆春熱帶殖育場植物總目錄（至明治三十八年十二月）：第七門飲料植物

	母樹						各種苗木				
名稱	所在地	數量（株）	出處	原產地	面積	種植年份	所在地	數量	出處	原產地	苗齡
（一）咖啡一號臺灣在來種	港口	800	臺北	臺灣	三反半強	1903 年（明治 36） 1904 年（明治 37）	港口苗圃	60	港口苗圃	臺灣	一年生
	豬勝束	240	臺北	臺灣	二反半	1902 年（明治 35） 1903 年（明治 36）	豬勝束苗圃	300	豬勝束苗圃	臺灣	一年生
	高士佛	1,225	臺北	臺灣	四反半	1904 年（明治 37） 1905 年（明治 38）	高士佛苗圃	200	高士佛苗圃	臺灣	一年生
合計		2,265			一町五畝			560			
（二）咖啡二號小笠原島種	港口	2,710	小笠原島	小笠原島	七反七畝	1903 年（明治 36） 1905 年（明治 38）	港口苗圃	2,700	港口苗圃	小笠原島	一年生
	豬勝束	8	新宿御苑	小笠原島	母樹園	1903 年（明治 36）	豬勝束苗圃		豬勝束苗圃	小笠原島	一年生
	高士佛	210	小笠原島	小笠原島	一反三畝	1904 年（明治 37）	高士佛苗圃	400	高士佛苗圃	小笠原島	一年生
	龜仔角	2,477	小笠原島	小笠原島	一町一反	1904 年（明治 37） 1905 年（明治 38）	龜仔角苗圃	3,000	龜仔角苗圃	小笠原島	一年生
合計		5,405			二町			6,100			
（三）咖啡三號布哇（夏威夷）種	港口	700	布哇	布哇國	三反強	1904 年（明治 37）	港口苗圃	200	港口苗圃	布哇	二年生
（四）咖啡四號	港口			南美洲			港口苗圃	230	港口苗圃	巴西？	一年生
（五）賴比瑞亞咖啡	港口	3	殖產局	非洲	母樹園	1904 年（明治 37）	港口苗圃	5	殖產局	非洲	
（六）加那利咖啡	港口	2	殖產局	加那利島	母樹園	1904 年（明治 37）	港口苗圃	3	殖產局	加那利島	

一九三七——一九四五年臺灣特用作物：咖啡種植面積與產量統計

年份	種植面積（公頃）	產量（公擔）	價值（臺幣元）
1937	432.8	364	32,699
1938	415.6	461	52,467
1939	667.5	646	84,770
1940	633.3	1398(按：疑數字398印刷錯誤)	51,467
1941	330.6	191	24,728
1942	967.4	496	66,882
1943	800.3	624	99,689
1944	350.8	185	30,972
1945	522.1	451	75,234

*作者整理歷年《臺灣農業年報》（臺灣省行政長官公署農林處農務科，民國三十五年版）咖啡生產總額數據。

臺南州下十二至十三年生咖啡樹主要種植區

地區	種植數量（株）
臺南市	15,000
嘉義市	8,900
新豐郡	1,600
新化郡	26,600
曾文郡	500
新營郡	18,500
嘉義郡	16,000
斗六郡	22,800
合計	109,000

臺南州下咖啡樹齡與數目區分

樹齡	數量（株）
18 年生	52
13 年生	100
12 年生	62
9 年生	50
8 年生	25
5 年生	660
4 年生	1,534
3 年生	2,975
2 年生	45,214
1 年生	58,695
合計	109,366

臺南州下一至六年生的咖啡栽培數量與面積

所在地	栽培數量（株）與面積（甲）													
	一年生	面積	二年生	面積	三年生	面積	四年生	面積	五年生	面積	六年以上生	面積	數量合計	面積合計
臺南市							83	0.0788	196	0.1863	62	0.0589	341	0.324
嘉義市			16,644	6.1					70	0.05	350	0.1	17,064	6.25
新豐郡					27	0.0084	114	0.0807	99	0.0863			240	0.1754
曾文郡							3	0.0007			4	0.001	7	0.0017
嘉義郡			2,710	1.5	12,196	4.9275	2,075	0.867	2,240	2.591	4,745	3.828	23,966	13.7135
斗六郡	9,682	5.1374	5,811	3.381					2,171	1.3784	1,841	1.417	19,505	11.3138
新化郡	3,000	0.9	4,500	1.35	1,522	0.4566	560	0.266	50	0.015			9,632	2.9876
合計	12,682	6.0374	29,565	12.3310	13,745	5.3925	3,135	1.2932	4,826	4.3070	7,002	5.4049	70,955	34.766

＊整理自佐藤治稿〈臺灣に於ける珈琲栽培の現狀と將來〉，《臺灣金融經濟月報》，昭和十三年五月號刊。

一九三七—一九四五年臺南州特用作物：咖啡種植面積、產量及價格統計

臺南州	栽種面積（甲）	收穫量（斤）	一甲地平均收穫量（斤）	價格（圓）	百斤平均	價格（圓）	備註
1937 年	107.22	10,880	101	6,743	61.97		
1938 年	42.19	22,220	527	14,888	67.00		此年度之後，統計收成的項目有變更

臺南州	栽培數量（棵）	結果數量（棵）	栽培面積（甲）	收穫面積（甲）	收穫量（斤）	一甲地平均收穫量（斤）	價格（圓）	百斤平均價格（圓）
1939 年	179,347	121,038	216.22	65.58	38,108	581	33,580	88.12
1940 年	310,000	47,600	124.00	17.00	11,700	688	7,020	60.00
1941 年	包括臺南州在內，此一年度各州無單獨統計							
1942 年	396,336	212,436	179.21	99.54	33,015	332	26,908	81.50
1943 年	此年度以後僅餘高雄縣、臺東縣以及花蓮縣的咖啡生產統計							
1944 年								

＊摘錄整理《臺灣農業年報》（臺灣省行政長官公署農林處農務科，民國三十五年版），一九三七—一九四二年度全臺咖啡總收成統計臺南州部分。

一九三五年各州廳栽培數量統計

州廳	栽培數量（棵）						
	一年生	二年生	三年生	四年生	五年生	六年以上生	合計	栽培面積（甲）
臺北州			600			12	612	0.42
新竹州	45	62	543	2,762		45	3,457	1.71
臺中州	250	11,232	1,147	850	743	30	14,252	8.07
臺南州	12,682	29,565	13,745	3,135	4,826	7,002	70,955	34.77
高雄州	92,870	82,750	63,643	8,908	6,681	8,717	263,569	122.77
臺東廳	56,131	7,862	8,403	327	691	339	73,753	21.47
花蓮港廳	59,004	78,969	6,889	70,185			215,047	152.10
合計	220,982	210,440	94,970	86,167	12,941	16,145	641,645	341.31

＊引自臺灣總督府殖產局農務課《熱帶產業調查會調查書——珈琲》，昭和十年版。

一九三五年（昭和十）大面積咖啡栽培企業與農場統計表

農場經營者	所在地	面積（甲）	計畫增加面積（甲）	1934 年生產量（斤）
木村咖啡農場	臺南州嘉義郡	10.73	181.68	1
安武農場	臺南州新化郡新化街	2.19	5.00	80
內外食品株式會社嘉義農場	臺南州嘉義郡	5.88		130
圖南產業合資會社	臺南州斗六郡斗六街	11.31	5.00	350
旗山拓殖株式會社	高雄州旗山郡旗山街	10.24		
朱萬成農場	高雄州岡山郡田寮庄	2.00	5.00	
日之出農場	高雄州屏東郡高樹庄	4.50		5
大和農場	高雄州屏東郡鹽埔庄	15.70	4.30	
木村咖啡農場	臺東廳新港支廳嘎嘮吧灣	20.90	548.00	
住田物產株式會社花蓮港咖啡農場	花蓮港廳瑞穗區舞鶴	152.10	250.00	5,094
林絹宗	臺中州彰化郡花壇庄	4.85		
林紹華	臺中州竹山郡竹山庄	0.67	2.00	360（？）

＊整理自臺灣總督府殖產局農務課《熱帶產業調查會調查書——珈琲》，昭和十年版。

昭和十六年企業經營咖啡園統計表

經營者	經營面積（甲）	栽種面積	收穫可能面積	栽培預定面積	備註
住田物產株式會社農場	436.288	320	170	-	
木村咖啡店嘉義農場	301.000	127.386	30	-	
木村咖啡店臺東農場	564.500	148	50	250	
東臺灣咖啡產業株式會社農場	861.600	56	-	465	
臺灣咖啡株式會社農場	121.000	32	-	不明	
圖南產業株式會社農場	-	20	20	-	
合計	2284.388	703.386	270	715	

木村咖啡嘉義農場小作佃農名單

佃農姓名	契約面積（甲）	家族人員	大人	小孩
黃塗	0.6262	8	4	4
劉阿泉	3.7356	7	5	2
吳意文	2.0	5	3	2
邱其祿	2.0	6	4	2
林葉松	3.960	2	1	1
陳進丁	0.7000	3	2	1
陳阿沐	2.1320	4	4	
徐阿庚	1.0	5	3	2
張阿火	1.4140	3	3	
曾阿香	2.0	3	3	
張阿貴	2.5235	8	5	3
曾春來	2.0	5	2	3
張阿昌	3.830	4	4	
羅盛水	2.0	3	2	1
羅阿錢	1.3122	6	5	1
羅雲祥	2.0	4	2	2
羅利水	2.0	10	8	2
黃清木	2.0	4	2	2
吳明榮	2.0	2	2	
張阿丁	3.0	8	6	2
楊起勇	1.5000	3	2	1
彭賢文	2.0	4	2	2
邱其位	2.0	5	3	2
吳泉清	2.0	5	2	3
葉木生	3.0	5	4	1
楊革	1.0	3	2	1
王阿杞	3.0	8	5	3

陳炎	3.0	5	3	2
邱阿再	3.0	7	4	3
周王山	3.0	4	4	
周應杭	2.0	6	4	2
謝增祥	3.0	6	3	3
江以文	2.0	5	3	2
徐阿坤	2.0	7	5	2
張進發	5.0	10	7	3
羅仕業	2.0	6	4	2
陳阿榮	0.7972	5	3	2
何來進	5.0	9	6	3
劉榮富	2.0	5	4	1
劉火麟	4.6320	10	6	4
黃樹澄	1.9420	3	3	
李火恭	8.7370	6	6	雇人使用
陳合	1.5000	5	3	2
莊永福	1.5000	3	3	
黃宗敬	1.4000	3	3	
劉達聰	3.0	10	6	4
合計		46 家族		
木村臺東農場				
11 家族				
東臺灣 10 家族				
		共 49 名		

＊引自宗像完撰〈臺灣ニ於ケル珈啡園經營ニ就テ〉臺北帝國大學附屬農林專門部卒業報文，昭和十六年十二月。

五十到五百甲的企業咖啡農場統計表

經營主體	經營面積（甲）	栽種面積（甲）	收穫可能面積（甲）	栽培預定面積（甲）
住田物產株式會社農場	426.688	220.000	170	-
木村咖啡店嘉義農場	301.000	117.386	30	-
木村咖啡店臺東農場	564.500	148.000	50	250
東臺灣咖啡株式會社農場	861.600	56.000	-	465
臺灣咖啡株式會社農場	121.000	32.000	-	不明
圖南產業株式會社農場	-	20.000	20	-
合計	2274.788	593.386	270	715

木村咖啡農場地目別集計表

地目別	面積（甲）
田	0.5987
畑	5.0187
山林	153.2118
原野	22.9100
合計	181.7392

木村咖啡農場的業務項目表

項目	品種	面積	
樹林地	相思樹林	4.4000 甲	紅毛埤林二六一ノ二〇ノ內
咖啡園	亞拉比亞種（阿拉比卡）	3.8963 甲	約 3600 株（1934 年植栽）
咖啡苗圃	亞拉比亞種	320 坪	約一萬欉（1947 年播種）

一九三七—一九四五年臺灣特用作物：咖啡歷年栽種情形統計表

州廳別	栽種面積（甲）	收穫量（斤）	一甲地平均收穫量（斤）	價格（圓）	百斤平均價格（圓）	備註
1937 年合計	446.26	60,633	136	32,699	53.93	價格單位 1942 年以前，使用日幣計算。
臺北						原臺北州在 1935 年間還有咖啡產量，但到了 1937 年的統計中，已經無大宗產量，可能僅限於在臺北的幾個植物園內做培育試種。
新竹						
臺中	0.28	355	1,268	119	33.52	
臺南	107.22	10,880	101	6,743	61.97	
高雄	33.76	4,948	147	1,949	39.39	
臺東	85.00	5,950	70	3,868	65.01	
花蓮港	220.00	38,500	175	20,020	52.00	此年，花蓮港廳的收成已躍居第一。
澎湖						
1938 年合計	428.51	76,895	179	52,467	68.23	
臺北						
新竹	0.62	180	290	132	73.33	新竹州也開始有咖啡收成，有關新竹州當下的種植情況，除澤田兼吉的調查外，曾有日人稻村時衛相關報文〈新竹州下に於て有望なる珈琲栽培〉一文，刊載於《茶と珈琲》第五卷十期內，提到主要種植地點為新竹市內十八尖山以及竹東林場。
臺中	0.70	490	700	334	68.23	
臺南	42.19	22,220	527	14,888	67.00	

高雄	20.00	630	32	490	77.78	
臺東	85.00	23,375	275	12,623	54.00	
花蓮港	280.00	30,000	107	24,000	80.00	
澎湖						

1939 年合計	栽培數量（棵）	結果數量（棵）	栽培面積（甲）	收穫面積（甲）	收穫量（斤）	一甲地平均收穫量（斤）	價格（圓）	百斤平均價格（圓）	備註
	793,407	264,377	688.22	173.08	107,707	622	84,770	78.70	
臺北									
新竹	1,894	8340.81	0.38	114	300	137	120.18		
臺中	430	30 0.63	0.03	30	1,000	15 50.00			
臺南	179,347	121,038	216.22	65.58	38,108	581	33,580	88.12	
高雄	31,177	12,276	14.33	6.57	1,438	219	1,381	96.04	總督府於 1939 年曾提出高雄州咖啡栽培獎勵計畫，獎勵地點於鳳山及旗山兩郡，預計以五年的時間執行計畫。
臺東	260,559	60,199	136.23	30.52	15,517	508	7,657	49.35	
花蓮港	320,000	70,000	320.00	70.00	52,500	750	42,000	80.00	
澎湖									
1940 年合計	1,067,882	144,484	652.94	145.66	233,009	1,600	51,467	22.09	
臺北									
新竹	3,970	1,380	1.56	0.60	350	583	700	2.00	
臺中	8,090	2707.85	0.14	510	3,643	359	70.39		
臺南	310,000	47,600	124.00	17.00	11,700	688	7,020	60.00	
高雄	65,972	20,444	48.53	17.52	3,329	19,001	5,528	166.06	
臺東	329,850	14,790	121.00	50.40	181,120	359	9,060	5.00	
花蓮港	350,000	60,000	350.00	60.00	36,000	600	28,800	80.00	
澎湖									

1941 年合計	540,946	247,801	340.90	132.82	31,844	240	24,728	77.65	
1942 年合計	1,961,072	546,496	997.45	283.84	82,645	1,599	66,882	80.93	
臺北									
新竹	700	1.00							
臺中	17,566	1,500	8.64	0.70	350	500	269	77.00	
臺南	396,336	212,436	179.21	99.54	33,015	332	26,908	81.50	
高雄	172,000	91,500	47.80	13.00	730	56 701	96.00		
臺東	954,470	121,060	450.80	60.60	36,450	601	29,324	81.45	
花蓮港	420,000	120,000	310.00	110.00	12,100	110	9,680	80.00	
澎湖									
以下為民國 35 年到 68 年版《臺灣農業年報》咖啡項統計。國民政府接收後行政單位初期改制為行政長官公署農林處農林科，沿用日治時期的統計數據，並改計量單位為公制。									
（株）	（株）	（公頃）	（公頃）	（公斤）	（公斤）	（元）	（元）		
1943 年合計	1,530,710	640,100	800.26	375.19	62,423	166	99,689	159.70	
1944 年合計	699,240	447,300	350.84	227.51	18,546	82 30,972	1.60		
1945 年合計	606,500	435,300	522.11	343.36	45,050	131	75,234	167.00	
高雄縣	6,500	5,300	5.50	4.95	612	123	1,022	167.00	
臺東縣	150,000	130,000	184.61	106.41	10,798	101	18,033	167.00	
花蓮縣	450,000	300,000	332.00	232.00	33,640	145	56,179	167.00	

人文 10

臺灣咖啡誌

作　　者　文可璽
責任編輯　林秀梅　莊文松

版　　權　吳玲緯　蔡傳宜
行　　銷　艾青荷　蘇莞婷
業　　務　李再星　陳玫潾　陳美燕　馮逸華
副總編輯　林秀梅
編輯總監　劉麗真
總 經 理　陳逸瑛
發 行 人　凃玉雲
出　　版　麥田出版
104 台北市民生東路二段 141 號 5 樓
電話：(886)2-2500-7696　傳真：(886)2-2500-1967
發　　行　英屬蓋曼群島商家庭傳媒股份有限公司城邦分公司
104 台北市民生東路二段 141 號 11 樓
書虫客服服務專線：(886)2-2500-7718、2500-7719
24 小時傳真服務：(886)2-2500-1990、2500-1991
服務時間：週一至週五 09:30-12:00・13:30-17:00
郵撥帳號：19863813　戶名：書虫股份有限公司
讀者服務信箱 E-mail：service@readingclub.com.tw
麥田部落格：http://ryefield.pixnet.net/blog
麥田出版 Facebook：https://www.facebook.com/RyeField.Cite/
香港發行所　城邦（香港）出版集團有限公司
香港灣仔駱克道 193 號東超商業中心 1/F
電話：852-2508 6231
傳真：852-2578 9337
馬新發行所　城邦（馬新）出版集團〔Cite (M) Sdn Bhd.〕
41-3, Jalan Radin Anum, Bandar Baru Sri Petaling,
57000 Kuala Lumpur, Malaysia.
電話 : (603) 9056 3833
傳真 : (603) 9057 6622
E-mail：services@cite.my

印　　刷　沐春行銷創意有限公司
設　　計　黃子欽

2019 年 2 月　初版一刷

定價　480 元
ISBN 978-986-344-623-1
著作權所有・翻印必究（Printed in Taiwan.）
本書如有缺頁、破損、裝訂錯誤，請寄回更換。城邦讀書花園 logo

國家圖書館出版品預行編目 (CIP) 資料

臺灣咖啡誌 / 文可璽著 . -- 初版 . -- 臺北市 : 麥田出版 : 家庭傳媒城邦分公司發行 , 2019.02

面;　公分 . -- (人文 ; 10)

ISBN 978-986-344-623-1(平裝)

1. 咖啡 2. 臺灣

427.42　　107022837

パルマ